Silas Badi

Resposta do feijão-frade hortícola ao espaçamento entre fileiras e à desfoliação

Silas Badi

Resposta do feijão-frade hortícola ao espaçamento entre fileiras e à desfoliação

Imprint

Any brand names and product names mentioned in this book are subject to trademark, brand or patent protection and are trademarks or registered trademarks of their respective holders. The use of brand names, product names, common names, trade names, product descriptions etc. even without a particular marking in this work is in no way to be construed to mean that such names may be regarded as unrestricted in respect of trademark and brand protection legislation and could thus be used by anyone.

Cover image: www.ingimage.com

This book is a translation from the original published under ISBN 978-3-659-82160-8.

Publisher:
Sciencia Scripts
is a trademark of
Dodo Books Indian Ocean Ltd. and OmniScriptum S.R.L publishing group

120 High Road, East Finchley, London, N2 9ED, United Kingdom
Str. Armeneasca 28/1, office 1, Chisinau MD-2012, Republic of Moldova, Europe
Printed at: see last page
ISBN: 978-620-5-51418-4

DEDICAÇÃO

Este trabalho é dedicado à minha mulher, Sra. Naplang Silas Badi, pelo seu amor, encorajamento e apoio.

RECONHECIMENTO

Estou grato ao meu principal supervisor, o Prof. B.M. Auwalu, pelo seu empenhamento neste trabalho, apesar dos seus horários muito apertados. Os contributos úteis do Prof. T.O Oseni, membro do meu comité de supervisão, são muito apreciados. Agradeço a ajuda do Prof. S.A. Adebitan, coordenador do programa de produção vegetal. Estou em dívida para com os membros da minha família pela sua ajuda. Devo um grande agradecimento ao meu filho, Sr. Kennyok (semente viva), pelo seu amor, compreensão e preocupação.

Reconheço e agradeço a enorme ajuda do pessoal do Departamento de Tecnologia Agrícola da Escola Superior de Agricultura do Estado de Plateau, Garkawa.

Estou em dívida para com o meu reitor, Dr. O.N. Ndam, e o meu chefe de departamento, Sr. H.D. Dikwahal, pelo seu apoio.

Reconheci e agradeço a assistência dos seguintes Dr. P.T. Haggai, Dr. M.A. Dasbak, Sr. W.K. Damar, Sr. C. Zitta, Sr. D.T. Rabo, Sr. N.A. Loks, Sr. P.J. Damang, Sra. N. Daspan, bem como da Srta. H.K. Magaji.

Estou grato a todos os membros da Chapel of Hope, Plateau State College of Agriculture, Garkawa, pelas suas incessantes orações.

Acima de tudo, o meu apreço vai para o Senhor Todo-Poderoso, fonte da minha sabedoria e inspiração. Devo tudo a Ele.

RESUMO

A resposta do feijão-frade hortícola (Vigna unguiculata [L.] walp) ao espaçamento entre fileiras e à desfoliação foi investigada na Plateau State College of Agriculture, Garkawa, (latitude 10011 'N e longitude 8^0 21 E) na zona ecológica da savana da Guiné meridional durante as estações húmidas de 2008 e 2009. Os tratamentos consistiram em quatro espaçamentos intra-linha (20, 30, 40 e 50 centímetros) e quatro taxas de desfoliação (0, 25, 50 e 75 por cento). Esses tratamentos foram combinados fatorialmente e dispostos em um delineamento de blocos completos casualizados, com três repetições. Os resultados obtidos mostraram que os parâmetros de crescimento do feijão-frade vegetal (altura da planta, peso fresco do rebento por planta e peso seco do rebento por planta) aumentaram significativamente com um espaçamento intra-linha mais próximo. Do mesmo modo, a produção de vagens verdes aumentou significativamente com a diminuição dos níveis de espaçamento entre fileiras. O espaçamento entre fileiras de 20 cm produziu 5,7 g de folhas comestíveis por parcela, o que foi significativamente superior a 5,1 g a 30 cm em 2008. A taxa de desfoliação de 25% produziu 6,8 g de folhas comestíveis, o que não foi estatisticamente diferente do controlo de 7,1 g em 2008. Não houve efeito significativo da desfoliação na produção de folhas comestíveis em 2009, respetivamente. Esta combinação produziu um rendimento de vagens verdes significativamente mais elevado, os componentes do rendimento (número de vagens por planta e comprimento das vagens) e os caracteres de crescimento vegetativo (altura da planta, número de folhas, número de pedúnculos, área foliar e peso seco do rebento por planta) foram significativos e positivos. Com base nestes resultados, sugere-se que a colheita de 25% de folhas de feijão-frade hortícola a um espaçamento de 20 cm às 4 e 6 semanas após a sementeira seja praticada para uma produção óptima de folhas e sementes.

ÍNDICE DE CONTEÚDOS

CAPÍTULO UM

INTRODUÇÃO

1.1 Antecedentes do problema

Apesar da elevada produção de feijão-frade na Nigéria (cerca de 1.289 toneladas métricas por ano e 58,6% do feijão-frade mundial), a maior parte da investigação centra-se no feijão-frade para a produção de sementes e apenas alguns estudos foram efectuados sobre variedades que são cultivadas principalmente pelas suas folhas tenras (Schippers, 2000).

O feijão-frade é originário de África, devido à abundância de espécies selvagens e a uma grande diversidade (Steele e Mehra, 1980). As variedades prostradas com vinhas longas são utilizadas, sobretudo pelas suas folhas e vagens verdes jovens. Nas áreas onde as folhas de feijão-frade são utilizadas, quase todas as variedades são utilizadas tanto para as folhas como para as sementes. Algumas das vantagens atribuídas a este facto são um maior rendimento por unidade de superfície e uma utilização judiciosa da terra, da mão de obra e dos produtos químicos.

As vagens verdes do feijão-frade hortícola são colhidas 50-70 e 100-120 dias após a sementeira, dependendo da variedade. Na forma fresca, as folhas jovens e tenras são colhidas e utilizadas para várias preparações dietéticas, tais como cozinhados frescos, sopas e molhos, ou misturadas com peixe, camarões, cebola e outras especiarias (Bressani, 1985).

1.2 Declaração do problema

O feijão-frade hortícola é comummente cultivado na Nigéria (Uguru, 1996). A maioria dos agricultores cultiva a cultura com um duplo objetivo. As folhas frescas são colhidas em intervalos e utilizadas como legumes. Após a floração, a cultura pode formar vagens que são mais tarde colhidas e utilizadas como sementes ou grãos. Esta prática é muito importante para o crescimento fisiológico, o desenvolvimento e o rendimento da cultura e especialmente para o agricultor cujo objetivo é o menor custo de produção com o máximo rendimento.

Apesar da importância do feijão-caupi hortícola, a sua produção tem sido prejudicada pela utilização de espaçamentos intra-linha baixos ou altos. A utilização do espaçamento intra-semente não é consistente, provavelmente devido à falta de conhecimento da botânica da cultura (erecta ou prostrada). Além disso, não há conhecimentos suficientes sobre o número de folhas a colher de cada vez e a que intervalo sem afetar o rendimento das vagens/sementes.

Uguru (1997) tentou estudar os efeitos do intervalo de colheita das folhas no rendimento das vagens e na fibra do feijão-caupi vegetal na zona ecológica florestal da Nigéria. O estudo revelou que as folhas colhidas a intervalos não têm um efeito significativo na vagem e na fibra.

O resultado das constatações pode não ser o mesmo para a zona ecológica de savana da Nigéria, devido à variação das condições climáticas entre as duas regiões. Além disso, é necessário conhecer o espaçamento ótimo entre fileiras e o número de folhas a colher de cada vez.

O principal constrangimento enfrentado pelos agricultores que desejam cultivar legumes autóctones é a falta de informação científica. Esta última está concentrada em culturas de base ou de rendimento e muito pouca tem a ver com as hortaliças autóctones (Schippers, 2000)

1.3   Questão de investigação

Quando as folhas do feijão-frade hortícola são desfolhadas, qual é o efeito no rendimento de vagens/sementes da cultura? Quantas folhas devem ser colhidas de cada vez e a que espaçamento deve a cultura ser plantada sem afetar o rendimento de vagens/sementes?

1.4   Hipótese da investigação

As vagens/sementes obtidas no espaçamento entre fileiras do feijão-caupi hortícola cujas folhas foram colhidas são as mesmas que as vagens/sementes obtidas do feijão-caupi hortícola de folhas não colhidas no mesmo espaçamento entre fileiras.

1.5   Importância da investigação

O feijão-frade hortícola é cultivado há muito tempo na Nigéria. No entanto, os rendimentos óptimos não têm sido aproveitados de forma eficiente devido à falta de informação científica sobre o número de folhas a colher e o espaçamento entre linhas a que a cultura deve ser semeada. Para se chegar a um rendimento ótimo de sementes/grãos, bem como de folhas, num ambiente específico, seria necessário fazer essas recomendações com base em informações derivadas de ensaios de campo realizados nessas áreas.

As investigações sobre o feijão-caupi hortícola destinavam-se, antes de mais, a fornecer uma base para recomendações aos agricultores, tendo em conta a pressão demográfica e outras exigências socioeconómicas concorrentes em matéria de terras.

1.6 Âmbito, limitação e área abrangida

Uma variedade 'yaro da kokari' foi cultivada apenas durante as estações húmidas de 2008 e 2009 em Garkawa, Plateau State Nigéria, devido a restrições financeiras. Garkawa situa-se a uma latitude de 10011' N e a uma longitude de 80 21' E e insere-se na savana do norte da Guiné. O estudo investigou a resposta do feijão-frade hortícola ao espaçamento entre fileiras e às taxas de desfoliação durante o período de produção máxima de vagens/sementes. Não abrange o número de vezes que as folhas jovens podem ser colhidas.

1.7 Objectivos do estudo

Tendo em conta o que precede, o presente estudo foi realizado com os seguintes objectivos

- Investigar a resposta do rendimento foliar e do rendimento de vagens do feijão-frade hortícola ao espaçamento entre fileiras.

- Investigar a quantidade de folhas a colher durante o período de crescimento sem afetar o rendimento das vagens/sementes.

- Estudar as interações entre a desfoliação das folhas e o espaçamento entre fileiras no crescimento, rendimento e qualidade do feijão-frade.

CAPÍTULO DOIS

REVISÃO DA LITERATURA

2.1 Origem do feijão-frade

O nome feijão-frade é originário dos Estados Unidos da América (Gibbon e Pain, 1985). Não se sabe ao certo qual é a origem do feijão-frade. Muitas pessoas acreditavam que o feijão-frade era originário da Ásia, particularmente da Índia (Tindall, 1977; Steele e Mehra, 1980; IITA, 1983; Jackai, 1997). Atualmente, o norte da Nigéria tem vindo a ser mais aceite devido a muitas espécies selvagens que se encontram em abundância em África (Padulosi, *et al* 1990; Badi e Magaji, 1995).

2.2 Hábito do feijão-frade

O feijão-frade hortícola é uma planta trepadora, prostrada ou arbustiva com vagens longas (Bailey, 1992). São igualmente cultivadas formas anãs de feijão-frade hortícola. As folhas são trifoliadas, com folíolos ovados e alternos (Dupriez e De-leener, 1989). As flores são de cor amarela, violeta ou púrpura. As vagens têm um comprimento de 30 a 60 cm e um diâmetro médio de 1,25 cm. As vagens contêm cerca de 10-30 sementes por vagem (Bailey, 1992). A cor das vagens pode ser branca, verde ou vermelha. As sementes variam em comprimento de 9-12mm, normalmente castanhas, vermelhas ou brancas. As sementes sofrem germinação epígea. O peso aproximado de 100 sementes é de cerca de 22g (Bailey, 1992).

2.3 Feijão-frade como cultura hortícola

As folhas de feijão-frade são consumidas em pelo menos 18 países de África. Sete países na Ásia e no Pacífico (Dukes, 1980; Berett, 1990). O feijão-frade é uma excelente fonte de vegetais, todas as partes da planta são consumidas como alimento. As vagens imaturas e as ervilhas são utilizadas como legumes (Hacket e Carolene, 1982; Hacket e Carolene, 1985). As variedades de feijão-frade que são prostradas são utilizadas pelas suas folhas ou vagens verdes (Schippers, 2000). As folhas de feijão-frade são consumidas diretamente quando frescas ou deixadas a secar para serem utilizadas durante a estação seca. A maior parte das variedades de feijão-frade utilizadas como cultura de folhas são de cor verde escura (Schippers, 2000). No Senegal, a variedade 'Fuuta' foi selecionada pelas suas folhas. No Zimbabué, a variedade 'Chigwa' é utilizada devido ao seu longo período vegetativo (Tindal, 1977).

No norte da Nigéria, o "yaro da kokari" é utilizado como feijão-frade hortícola (Shehu, 1998). No leste da Nigéria, o feijão-frade decumbente de semente preta local é utilizado pelas suas folhas e é vulgarmente cultivado e consumido nos Estados de Enugu, Anambra e Cross River (Uguru, 1997).

2.4 Utilizações das folhas de feijão-frade

As folhas do feijão-frade são consumidas como alimento. Também são utilizadas para embrulhar outros alimentos durante a cozedura. Estudos nutricionais efectuados no Pacífico, no início dos anos 50, afirmam que as folhas eram geralmente consideradas como substitutos da carne (Bailey, 1992). As folhas de feijão-frade são utilizadas para dar cor, sabor, humidade e uma textura diferente aos alimentos. Em combinação com outras partes, as folhas de feijão-frade são utilizadas como medicamento, por exemplo, os carotenóides protegem as células animais do cancro (Mathew-Roth, 1989; Beier, 1990). As folhas de feijão-frade são cultivadas para utilização como forragem e como leguminosa alimentar (Alghali, 1991). Os agricultores têm muito interesse no feijão-frade devido à sua capacidade de fixar azoto. As folhas imaturas e as vagens são utilizadas de muitas maneiras (cozidas, fritas ou frescas) (Nielson *et al.*, 1996; Ohler, *et al.*, 1996).

2.5 Composição nutricional do feijão-frade

As folhas frescas contêm muita água, algumas proteínas de alta qualidade, um pouco de gordura (maioritariamente insaturada), alguma energia, fibra, minerais e uma vasta gama de vitaminas (Bailey, 1992; Summerfield e Bunting, 1985). O Apêndice I apresenta uma comparação da composição nutricional das folhas e sementes de feijão-frade compilada pela FAO, (1968). O Apêndice II apresenta o trabalho de Leung (1968). Watt e Merilli, (1975), Imungi e Potter (1983). Os minerais nas folhas do feijão-frade estão mais disponíveis do que nas sementes de feijão-frade porque são retidos pelo ácido fítico (uma forma de armazenamento do fósforo) (Carnovale *et al.*, 1990). Os legumes não são boas fontes de energia alimentar (Selman, 1994).

2.6 Efeito do espaçamento entre fileiras na produtividade do feijão-caupi

O espaçamento intra-linha para tipos indeterminados de feijão nhemba usados para a produção de folhas é de cerca de 75 x 75cm comparado com o espaçamento intra-linha para tipos erectos, determinados e de baixa ramificação de cerca de 15 x 30cm (Schippers, 2000). Recomenda-se uma população total de plantas de 10.000-20.000 para variedades prostradas e fotossensíveis de feijão-frade, com espaçamento inter e intra-linhas de 1,0 metro e 0,30,5m. Uma população de plantas de 50.000-80.000 plantas por hectare foi registada para cultivares semi-erectas, mas pode ser tão alta como 167.000-184.000 plantas por hectare com um espaçamento entre linhas de 0,5m x 0,7m, 0,25m x 0,2m, 0,16m x 0,117m ou 0,34m x 0,7m, respetivamente (Onwueme, 1979). Densidades populacionais mais altas aumentam a taxa de crescimento inicial da cultura e o uso de água da cultura, particularmente no espaçamento equidistante. Existe uma diferença de rendimento entre cultivares com os mesmos tratamentos culturais. Kayode e Odulaja, (1985) encontraram rendimentos mais elevados na savana do que na zona florestal em todos os espaçamentos intra-linha empregues.

A população óptima de plantas depende em grande parte do solo, das condições climáticas, das variedades de feijão nhemba e dos produtos desejados (folhas, sementes). Quando o feijão nhemba é semeado de perto, numa altura que lhe permita utilizar o período de dias longos (início da estação das chuvas), o crescimento vegetativo é encorajado, mas um espaçamento maior é adaptado para a produção de sementes. Numa experiência com amaranto, também um vegetal de folha, Gnanamurthy *et al.*, (1992) encontraram um espaçamento ótimo de (20 x 10cm). A diminuição do espaçamento entre fileiras resulta num aumento significativo do peso fresco total do sésamo vegetal (Auwalu *et al.*, 1995; Ohler *et al.*, 1996).

2.7 Efeito da desfoliação na produtividade do feijão-caupi hortícola

Diz-se que a desfoliação altera o ambiente das plantas e induz mudanças internas que lhe permitirão crescer melhor e ter um desempenho mais eficiente (Gardner, 1966). Edmond *et al.*, (1975) referiram que a poda de plantas geralmente reduz a quantidade total de crescimento que poderia ser efectuado e, por conseguinte, reduz os rendimentos. Uma investigação realizada sobre o efeito da poda no tomate mostrou que a poda não afectou a altura dos tomates porque não houve um novo crescimento axial compensatório (Adenawoola e Ayodele, 1997). No entanto, o número de folhas e flores produzidas foi muito reduzido pela poda. Os frutos foram aumentados através do redireccionamento dos assimilados para um menor número de sumidouros.

Uma experiência conduzida com feijão-frade decumbente de semente preta local, Uguru, (1997) sobre o efeito da colheita das folhas no rendimento das vagens e na percentagem de fibras foi investigada, e o resultado mostrou que os intervalos de colheita semanais resultaram num rendimento das vagens ligeiramente mais elevado e numa percentagem de fibras mais baixa do que a colheita das folhas com um intervalo de duas semanas. Quando as folhas são retiradas de uma planta, esta fica com falta de folhagem para a fotossíntese. Produzirá rapidamente rebentos que, por sua vez, produzirão folhas para substituir as que foram retiradas (Dupriez e De-eener. 1989).

No entanto, quando as folhas são colhidas na maturidade, mesmo em pequenas quantidades, o rendimento das sementes é afetado negativamente (Bubenheim *et al.*, 1988). O efeito da colheita de folhas nas culturas depende em grande medida da cultivar, do ambiente e das práticas de gestão (Bitenbender *et al.*, 1984).

O feijão-caupi de duplo objetivo é útil quando as folhas totalmente abertas são removidas antes da floração e depois se permite que o alimento seja aproveitado para a produção de sementes após a floração (Ohler e Mitchell, 1995). Há uma complexidade de interações entre folhas e frutos ou vagens, porque actuam como fonte num caso e como sumidouros no outro. Embora a remoção parcial dê uma ideia do efeito das folhas como sumidouro, um aumento da taxa fotossintética da área foliar remanescente pode levar a suposições erradas sobre quantas folhas são necessárias para um crescimento e rendimento óptimos (Warreing *et al.*, 1968). Engels e Maschuer (1986) removeram 50% das folhas de *Solanum tuberosum* e a taxa de crescimento dos tubérculos foi reduzida para metade quase de imediato.

A informação sobre o número de folhas a serem colhidas de cada vez, e em que espaçamento intra-semente deve ser semeado o feijão-frade hortícola não foi investigada, pelo que constitui a base para este estudo. Com base na informação deste estudo, os agricultores seriam aconselhados a dedicar-se à produção de feijão-frade apenas para sementes ou apenas para legumes ou ambos.

CAPÍTULO TRÊS

MATERIAIS E MÉTODOS

3.1 Sítio experimental

A experiência foi conduzida na Escola Superior de Agricultura do Estado de Plateau, Garkawa, na Quinta de Ensino e Investigação durante as estações húmidas de 2008 e 2009. Garkawa situa-se a uma latitude de 10^0 11'N e a uma longitude de 8^0 21'E, com uma temperatura média máxima de 28^0 C e uma temperatura média mínima de 11^0 C. A precipitação média anual é de 131,75 mm (Gwom, 1997).

Garkawa tem uma altitude aproximada de 690,2 m e situa-se na zona ecológica da savana da Guiné do sul da Nigéria. O clima da zona é caracterizado por duas estações: A estação húmida (maio-setembro) e a estação seca (outubro-abril). O solo dos locais experimentais é caracterizado por uma textura franco-arenosa, baixo teor de carbono orgânico, baixo teor de azoto, fósforo disponível médio e elevada capacidade de troca iónica (Quadro 1).

3.2 Tratamentos e conceção experimental

Os tratamentos consistiram em dois factores: Espaçamento intra-linha (20, 30, 40 e 50 centímetros) e taxas de desfoliação (0, 25, 50 e 75 por cento), cada uma utilizando uma variedade local de feijão-frade hortícola 'Yaro da Kokari', proveniente do Serviço Nacional de Sementes, Jos, Nigéria.

Havia dezasseis combinações de tratamentos, cada um dos quais foi atribuído ao acaso, através de uma escolha de chapéu sem reposição, e repetido três vezes. Estes tratamentos foram dispostos num esquema de blocos completos aleatórios.

3.3 Operações no terreno

O terreno foi lavrado para obter uma inclinação fina; foi delimitado em 48 parcelas de $15m^{2.}$ (5m x 5m), cada uma com um espaçamento de 1,5m entre blocos e de 1,0m entre parcelas.

3.4 Sementeira e desbaste

Três sementes foram semeadas em filas a 70 cm de distância, a 20, 30, 40 e 50 centímetros entre povoamentos. As plantas foram desbastadas para 2 plantas por povoamento às três semanas após a sementeira (WAS). As sementes foram semeadas a 20th de julho de 2008 e 2009.

3.5   Controlo de ervas daninhas

Foram efectuadas duas capinas manuais com enxada às 3 e 6 WAS para remover as ervas daninhas das parcelas experimentais.

3.6   Controlo de pragas

A pulverização foi efectuada imediatamente após o início da floração da planta. Trata-se de uma medida preventiva contra os insectos sugadores de flores. A pulverização foi efectuada com "Karate" *(Lamda cyhalothrin)*. A pulverização foi efectuada duas vezes com um pulverizador de dorso a 1 litro por hectare.

3.7   Aplicação de fertilizantes

O superfosfato simples foi aplicado a 25kgP por hectare três semanas após a sementeira. O objetivo era ajudar a aumentar a produção de flores e vagens.

3.8   Taxas de desfoliação

As folhas foram desfolhadas às 4, 6 e 8 WAS durante o período de crescimento. As folhas foram contadas e colhidas a diferentes taxas de 0%, 25%, 50% e 75%.

3.9   Observações e recolha de dados

3.9.1   Dados meteorológicos

Os dados relativos à precipitação, temperatura e humidade relativa durante o período experimental foram registados e apresentados nos apêndices III e IV.

3.9.2   Contagem de stands

O número de plantas de feijão-frade numa parcela foi registado em três WAS. Isto foi feito para aproximar a população de plantas por hectare

3.9.3   Análise de solos e plantas

Utilizando um trado tubular, foram colhidas amostras de solo a 0-15 cm de profundidade, porque as raízes do feijão-frade não podem ir além dos 15 cm de profundidade. As amostras foram analisadas no laboratório de plantas do solo da Universidade Abubakar Tafawa Balewa, em Bauchi, quanto às suas propriedades físico-químicas, utilizando procedimentos normalizados descritos por Black (1965). A percentagem de proteína bruta das folhas secas por 100 g de porção seca comestível foi determinada conforme descrito pela AOAC (1980).

3.10 Avaliação dos caracteres vegetativos

Os caracteres vegetativos foram recolhidos às 4, 6 e 8 WAS. Foram colhidas amostras de folhas de cada parcela ao acaso. As folhas de cinco plantas selecionadas nas linhas interiores foram escolhidas ao acaso e colhidas a diferentes taxas: 0%, 25%, 50%, e 75%. Apenas as plantas das linhas interiores foram amostradas para evitar efeitos contraditórios de um tratamento sobre o outro. As folhas foram então levadas para o laboratório para determinação da proteína bruta. Os seguintes parâmetros foram medidos e registados em cada uma das amostras:

3.10.1 Altura da planta

As alturas de cinco plantas selecionadas aleatoriamente nas parcelas de rede foram medidas com uma régua métrica desde a base até ao ápice do folíolo médio com a folha mais recente. Apenas cinco plantas foram selecionadas para representar toda a população (tratamento) devido ao tempo e à carga de trabalho.

3.10.2 Número de pedúnculos por planta

O número de pedúnculos foi obtido através da contagem física de pedúnculos selecionados aleatoriamente de cinco plantas nas parcelas de rede.

3.10.3 Área foliar por planta

A área foliar de cinco plantas selecionadas aleatoriamente nas linhas interiores foi determinada utilizando o método gráfico determinado por Evans e Kang (1978), em que a área foliar foi estimada utilizando a equação de proporção da relação entre a área foliar e a matéria seca.

$$A = \frac{a \times W}{W}$$

Onde:

A = Área foliar total por planta (cm^3)

a = Área de cinco plantas selecionadas

w = Total de folhas secas por planta (g)

w = Peso seco das 5 folhas selecionadas por planta.

3.10.4 Índice de área foliar

O índice de área foliar foi calculado utilizando a fórmula.

$$LAI = \frac{LA}{GA}$$ According to Oseyeboah ,*et al.*,1983

Onde:

LAI = Índice de área foliar

GA = Área do solo (cm^3)

LA = Área foliar (cm^2)

3.10.5 Peso fresco do rebento

O peso dos rebentos de cinco plantas selecionadas ao acaso nas parcelas de rede foi medido imediatamente após a colheita, como sugerido por Sharma e Mehta (1991). Qualquer atraso na recolha do peso fresco afectará negativamente o resultado, uma vez que a água nas folhas começará a evaporar-se.

3.10.6 Peso seco do tiro

Os rebentos de cinco plantas selecionadas ao acaso nas parcelas de rede foram embalados numa estufa a 60^0 c durante 48 horas, como sugerido por Sharma e Mehta (1991). Os rebentos secos foram registados imediatamente utilizando a balança eletrónica E200.

3.10.7 Diâmetro da haste

Os diâmetros do caule de cinco plantas selecionadas aleatoriamente nas parcelas em rede foram medidos com um paquímetro venire.

3.10.8 Diâmetro dos pedúnculos

Os diâmetros dos pedúnculos de cinco plantas selecionadas aleatoriamente nas parcelas de rede foram medidos com um paquímetro de venire.

3.10.9 Número de folhas

O número de folhas foi obtido por contagem física das folhas de cinco plantas selecionadas aleatoriamente.

3.10.10 Taxa de assimilação líquida

Este valor foi calculado com base na sugestão de Sharma e Mehta (1991). Os rebentos secos foram colhidos em duas alturas consecutivas ao longo do tempo. Este valor foi calculado utilizando a fórmula:

$$NAR = \frac{W2 - W1}{A2 - A1} \quad \frac{A2 - A1}{(T2 - T1)}$$

W_1 & W_2 = Fotografia seca efectuada em intervalos

T_1 - T_2 = Hora em que as folhas foram colhidas

3.10.11 Taxa de crescimento das culturas

Os pesos dos rebentos foram medidos em duas colheitas consecutivas, quando foram colhidos recentemente e quando secaram ao longo do tempo. O cálculo foi efectuado com base em Sharma e Mehta (1991).

$$CGR = \frac{W2 - W1}{T2 - T1}$$

3.11 Avaliação dos caracteres de desenvolvimento

3.11.1 Dias até 50% de floração

Este resultado foi determinado por observação regular e contagem dos dias desde a sementeira até ao dia em que metade do número total de plantas floresceu.

3.11.2 Número de flores por planta

Foram marcadas cinco plantas por parcela nas parcelas em rede, tendo sido contado o número real de flores no momento em que estas atingiram cerca de 95% de floração e calculadas as médias.

3.11.3 Comprimento da cápsula

Os comprimentos das vagens de cinco plantas selecionadas aleatoriamente nas parcelas de rede foram medidos aos 12, 17, 22 e 27 dias após a floração. O comprimento das vagens foi medido com fio e régua métrica.

3.11.4 Rendimento de vagens verdes

A produção de vagens verdes foi determinada através da colheita de vagens verdes maduras de cinco plantas selecionadas aleatoriamente nas parcelas da rede aos 12, 17, 22 e 27 dias após a floração. Todas as vagens colhidas foram contadas e pesadas em cada colheita. Os dados da colheita de cada parcela foram reunidos para determinar o rendimento total.

3.12   Análise de dados

Os dados recolhidos foram submetidos ao teste de Fisher, tal como descrito por Snedecor e Cochran (1967). Foi considerada a resposta ao espaçamento intra-linha, à taxa de desfoliação e às suas interações em todos os caracteres medidos. As médias que foram significativamente diferentes foram separadas usando o teste de intervalo múltiplo de Duncan (DMRT). (Duncan, 1955), uma vez que os tratamentos eram mais de cinco.

Foi calculado o erro padrão (SE) das médias que não eram significativamente diferentes. A análise de correlação entre os caracteres vegetativos e de desenvolvimento, bem como o rendimento total de vagens verdes, foi efectuada para determinar as suas relações.

3.13   Propriedades físicas e químicas do solo

Amostras aleatórias de solo na profundidade de 0-15 cm foram recolhidas durante cada uma das experiências para determinar as suas propriedades físicas e químicas, tal como descrito por Black (1965). O resultado é apresentado na tabela 1, de 2008-2009. Registou-se uma pequena redução do pH de 6,24-6,09. Verificaram-se também reduções do carbono orgânico, do azoto total e do fósforo disponível. Registaram-se aumentos nas bases permutáveis (Ca, N e K) de 2008 a 2009. O magnésio (Mg) aumentou de 2008 a 2009. Também se registou um aumento da saturação de bases em 2009. A classe textural foi franco-arenosa em ambos os anos. A capacidade de troca iónica (CEC) também se manteve igual.

Quadro 1: *Propriedades físico-químicas do solo do local da experiência a 0-15 de profundidade*

Soil property	2008	2009
Mechanical analysis (%)		
Sand	75.80	75.90
Silt	10.20	10.03
Clay	14.00	14.07
Textural class	Sandy loam	Sandy loam
Chemical composition		
Ph (1:1 H_2O)	6.24	6.09
% Organic carbongKg^{-1}	6.10	5.89
% Total N gKg^{-1}	1.20	1.07
C/N ratio	5.10	6.78
Available P (MgKg^{-1})	7.80	6.88
Exchangeable cations (Cmol kg^{-1})	5.0	5.2
Exchangeable bases (Cmol + kg)	2.60	2.68
Calcium	0.84	0.87
Magnesium	0.23	0.56
Potassium	0.11	0.15
Sodium	4.70	4.70
Cation Exchange Capacity (Cmolkg^{-1})	75.60	75.60

CAPÍTULO QUATRO

RESULTADOS

4.1 Efeito do espaçamento intra-linha e das taxas de desfoliação nos caracteres de crescimento do feijão-frade

4.1.1 Altura da planta

O efeito do espaçamento entre fileiras e da desfoliação na altura das plantas de feijão-frade é apresentado no Quadro 2. O aumento do espaçamento intra-linha de 20-30cm diminuiu significativamente ($P \leq 0,05$) a altura das plantas em 2008 e 2009 às 4, 6 e 8 semanas após a sementeira (WAS). As plantas mais altas foram registadas com 20 cm de espaçamento entre linhas e as mais baixas com 50 cm de espaçamento entre linhas, tanto em 2008 como em 2009, nas estações húmidas.

O aumento da taxa de desfoliação teve um efeito significativo na altura da planta em 2008 e 2009 aos 4, 6 e 8 WAS. A desfoliação de plantas de feijão-frade, independentemente do nível, reduziu significativamente a altura da planta em todas as WAS, exceto 8 WAS na estação húmida de 2009.

Houve uma interação significativa entre o espaçamento intra-linha e as taxas de desfoliação na altura das plantas às 4, 6 e 8 WAS na estação húmida de 2008, mas não na estação seguinte (Quadro 2). O espaçamento intra-linha x taxa de desfoliação significativa na altura da planta durante a estação húmida de 2008 é apresentado no Quadro 3. O espaçamento intra-linha de 20cm e 25% de desfoliação produzem plantas mais altas. No entanto, isto não foi significativamente diferente do espaçamento intra-linha de 20cm a 0% de desfoliação. As plantas mais curtas foram observadas com um espaçamento de 50cm entre fileiras e uma taxa de desfoliação de 75%.

Quadro 2: *Efeitos do espaçamento entre fileiras e da desfoliação na altura das plantas (cm) de feijão-frade hortícola em Garkawa em 2008 e 2009*

	2008			2009		
Treatment	**Weeks after sowing (WAS)**			**Weeks after sowing (WAS)**		
Spacing (cm)	4	6	8	4	6	8
20$_a$	20.3^a	24.4^a	28.5^a	23.3^a	26.3^a	27.4
30$_b$	18.3^b	19.2^b	28.5^b	20.3^b	21.2^b	21.3
40$_b$	18.1^b	18.2^b	18.3^b	19.2^b	20.1^b	21.3
50$_b$	17.2^b	17.1^b	18.3^b	18.2^b	19.1^b	20.1
SE+	0.30	1.47	2.86	0.86	1.58	1.92
Defoliation rate (%)						
0	20.4^a	28.2^a	22.1^a	23.8^a	26.3^a	22.3
25	19.3^b	20.2^b	20.3^b	20.4^b	21.3^b	22.3
50	8.8^b	19.3^b	19.5^b	19.2^b	21.2^b	22.2
75	17.9^b	18.3^b	18.5^b	0.86^b	1.58^b	1.92
SE+	0.31	1.47	2.86	0.86	1.58	1.92
S X D	*	*	*	NS	NS	NS

As médias dentro de uma coluna de tratamento seguidas de uma letra diferente (S) são significativamente diferentes a um nível de significância de 5% (DMRT)

Quadro 3: *Interação entre o espaçamento entre fileiras (cm) e a taxa de desfoliação (%) na altura do feijão-frade hortícola em Garkawa em 2008.*

Treatment	**Defoliation**			
Spacing (cm)	**0**	**25**	**50**	**75**
20	21.4^a	22.4^a	18.1^a	17.9^a
30	19.3^b	18.3^b	17.2^b	17.7^b
40	18.4^b	17.6^b	16.7^c	16.5^c
50	17.6^b	16.3^b	16.2^c	16.4^c
SLD (P≤ 0.05)		1.47		

As médias dentro de uma coluna de tratamento seguidas de letras diferentes são significativamente diferentes a um nível de significância de 5% (DMRT)

4.1.2 Número de folhas por planta

O número de folhas por planta do feijão-frade hortícola foi significativamente (P≤ 0,05) influenciado pelo espaçamento entre fileiras (Quadro 4). O aumento do espaçamento entre fileiras aumentou o número de folhas aos 4, 6 e 8 DAA, tanto em 2008 como em 2009. O maior número de folhas foi obtido no espaçamento de 50 cm entre fileiras aos 8 DAA em ambas as estações. Este facto foi estatisticamente diferente do número de folhas obtido com 20 e 30 cm de espaçamento entre fileiras.

O maior número de folhas do feijão-frade hortícola foi obtido com 0% de desfolha. Isto não foi significativamente diferente de desfolhar 25% das folhas. O menor número de folhas foi obtido com 75% de desfolha em ambos os anos. Houve uma interação significativa (P<0,05) entre o espaçamento intra-linha e a desfoliação nas estações húmidas de 2008 e 2009 em todas as épocas de amostragem.

A interação significativa entre o espaçamento intra-linha x desfoliação no número de folhas para 2008 e 2009 na estação das chuvas às 8 WAS é apresentada no Quadro 5. O número mais elevado de folhas foi registado no espaçamento de 50 cm entre fileiras sem desfoliação em ambas as estações húmidas de 2008 e 2009. Estes não foram estatisticamente diferentes do espaçamento de 40 cm entre fileiras sem desfoliação e do espaçamento de 20 cm entre fileiras com uma taxa de desfoliação de 25% em ambos os anos.

4.1.3 Diâmetro do caule

O diâmetro do caule do feijão-caupi hortícola foi significativamente (P≤0,05) influenciado pelo espaçamento intra-linha em ambos os anos, às 4, 6 e 8 WAS (Quadro 6). Os espaçamentos entre fileiras de 40 e 50cm, por um lado, e 20 e 30cm, por outro, tiveram diâmetros de caule estatisticamente semelhantes, no entanto, os diâmetros do primeiro foram estatisticamente superiores aos do segundo.

Quadro 4: *Efeito do espaçamento intra-linha e da taxa de desfoliação no número de folhas por planta1 do feijão-frade hortícola em Garkawa na estação húmida de 2008 e 2009*

	2008			2009		
Treatment	Weeks after sowing (WAS)			Weeks after sowing (WAS)		
Spacing (cm)	4	6	8	4	6	8
20	30.1[b]	33.1[b]	33.1[b]	39.1[b]	42.2[b]	42.1[b]
30	33.1[b]	39.3[b]	39.2[b]	39.2[b]	42.3[b]	45.0[b]
40	36.3[a]	39.5[a]	39.2[a]	42.3[a]	44.4[a]	46.0[a]
50	36.4[a]	39.6[a]	42.4[a]	42.4[a]	45.5[a]	48.0[a]
SE =	0.15	0.20	0.41	0.22	0.23	0.89
Defoliation rate (%)						
0	36.4[a]	36.2[a]	40.3[a]	46.4[a]	42.3[a]	42.4[a]
25	33.4[a]	36.0[a]	39.2[a]	39.3[a]	41.0[a]	30.3[a]
50	30.3[b]	24.1[b]	24.1[b]	36.2[b]	27.1[b]	24.1[b]
75	30.1[b]	18.0[b]	21.0[b]	33.1[b]	21.0[b]	21.0[b]
SE±	0.15	0.20	0.41	0.22	0.23	0.89
S X D	*	*	*	*	*	*

As médias dentro de uma coluna de tratamento seguidas de uma letra diferente (S) são significativamente diferentes ao nível de significância de 5% (DMRT).

Quadro 5: *Interação entre o espaçamento entre fileiras (cm) e a taxa de desfoliação (%) no número de folhas-planta[1] de feijão-frade hortícola em Garkawa em 2008 e 2009*

	2008				2009			
Treatment	Defoliation rate (%)				Defoliation rate (%)			
Spacing (cm)	0	25	50	75	0	25	50	75
20	30.9^c	46.4^a	32.0^d	30.2^d	30.8^c	46.3^a	32.0^d	30.1^d
30	43.6^{ab}	42.1^{bc}	40.9^{bc}	19.9^c	43.5^{ab}	42.0^{bc}	40.8^{bc}	19.8^c
40	45.9^a	43.7^{ab}	42.9^{ab}	41.3^{ab}	45.9^a	43.7^{ab}	42.8^{ab}	41.1^{ab}
50	47.3^a	36.7^b	35.2^b	34.4^b	47.2^a	36.7^b	35.3^b	34.4^b
LSD (P≤0.05)	1.37				1.36			

As médias dentro de uma coluna de tratamento seguidas de letras diferentes (S) são significativamente diferentes ao nível de significância de 5% (DMRT). Houve um aumento geral no diâmetro do caule com o aumento da taxa de desfoliação, no entanto, a diferença entre 0 e 25%, por um lado, e 50 e 75% de taxas de desfoliação, por outro, não foi significativa. A interação entre o espaçamento intra-linha e a desfoliação nas épocas de cultivo de 2008 e 2009 não foi significativa.

4.1.4 Peso fresco do rebento por planta

O peso fresco do rebento do feijão-caupi vegetal foi significativamente influenciado pelo espaçamento entre fileiras ($P<0,05$) na estação chuvosa de 2008 (Tabela 7). O aumento do espaçamento entre fileiras resultou numa diminuição significativa ($p<0,05$) do peso fresco do rebento na estação chuvosa de 2008. O aumento do espaçamento entre fileiras mostrou um aumento não significativo ($P<0.05$) em 2009 aos 4, 6 e 8 WAS. O aumento da taxa de desfoliação levou a uma diminuição significativa do peso fresco curto do feijão-frade em 2008, mas não foi significativo em 2009. A diferença entre 0 e 25% de desfoliação foi significativa durante todo o período de amostragem em 2008. Do mesmo modo, a diferença entre 50% e 75% de desfoliação foi estatisticamente significativa às 6 e 8 WAS em 2008. Verificou-se uma interação significativa entre o espaçamento entre fileiras e a taxa de desfoliação no peso fresco do rebento do feijão-frade hortícola aos 4 e 6 DAA em 2009, mas não na estação húmida de 2008.

A interação significativa entre o espaçamento intra-linha e a taxa de desfoliação no peso fresco do rebento para a estação húmida de 2006 é apresentada no Quadro 8. O maior peso fresco do rebento foi registado com uma combinação de 20cm de espaçamento e 25% de taxa de desfoliação. Isto foi estatisticamente diferente do espaçamento intra-fila de 30, 40 e 50cm com taxas de desfoliação de 0, 50 e 75%.

Quadro 6: *Efeito do espaçamento entre fileiras e das taxas de desfoliação no diâmetro do caule (cm) do feijão-caupi hortícola em Garkawa na estação húmida de 2008 e 2009*

Treatment	2008			2009		
	Weeks after sowing (WAS)			**Weeks after sowing (WAS)**		
Spacing (cm)	4	6	8	4	6	8
20	0.37^b	0.58^b	0.68^b	0.46^b	0.47^b	0.69^b
30	0.38^b	0.59^b	0.69^b	0.47^b	0.48^b	0.69^b
40	0.70^a	0.70^a	0.70^a	0.69^a	0.70^a	0.71^a
50	0.71^a	0.71^a	0.71^a	0.70^a	0.71^a	0.71^a
SE+	0.03	0.03	0.02	0.03	0.03	0.02
Defoliation rate (%)						
0	0.60	0.60	0.61	0.57	0.58	0.59
25	0.61	0.60	0.61	0.58	0.59	0.59
50	0.70	0.71	0.70	0.69	0.70	0.71
75	0.71	0.71	0.70	0.70	0.71	0.71
SE+	0.03	0.03	0.02	0.03	0.03	0.02
S X D	NS	NS	NS	NS	NS	NS

As médias numa coluna de tratamento seguidas de letra(s) diferente(s) são significativamente diferentes ao nível de significância de 5% (DMRT).

Quadro 7: *Efeito do espaçamento entre fileiras e da taxa de desfoliação no peso fresco do rebento (1g) por planta de feijão-frade hortícola em Garkawa nas estações húmidas de 2008 e 2009*

Treatment	2008			2009		
	Weeks after sowing (WAS)			**Weeks after sowing (WAS)**		
Spacing (cm)	4	6	8	4	6	8
20	5.6^a	15.8^a	15.8^a	15.8	15.9	15.6
30	15.5^b	15.7^a	15.7^b	15.6	15.8	15.0
40	13.3^c	13.5^b	13.5^c	14.3	14.4	14.0
50	13.1^c	13.3^c	13.3^c	14.1	14.2	14.0
SE+	0.64	0.69	0.50	0.70	0.72	0.72
Defoliation rate (%)						
0	16.9^a	17.1^a	17.0^a	16.9	17.2	17.1
25	15.6^b	16.9^b	16.8^b	15.9	16.8	16.7
50	15.5^c	16.7^b	16.7^b	15.7	16.9	16.9
75	14.2^c	15.7^c	15.5^c	14.6	15.8	15.6
SE+	0.64	0.69	0.50	0.70	0.72	0.72
S X D	NS	NS	NS	*	*	NS

As médias dentro de uma coluna de tratamento seguidas de letra(s) diferente(s) são significativamente diferentes ao nível de significância de 5% (DMRT)

Quadro 8: *Interação entre o espaçamento entre fileiras (cm) e a taxa de desfoliação (%) no peso fresco dos rebentos (g) por parcela de feijão-frade em Garkawa, em 2009, às 8 semanas*

Treatment	Defoliation rate (%)			
Spacing (cm)	0	25	50	75
20	16.0^c	18.4^a	15.1^{bc}	09.4^d
30	16.2^c	17.3^b	15.2^{bc}	08.4^e
40	17.3^b	16.3^c	15.3^{bc}	08.2^e
50	17.4^b	15.0^{bc}	16.5^c	07.3^f
LSD (P$\leq$ 0.05)		0.90		

As médias dentro de uma coluna de tratamento seguidas de letras diferentes são significativamente diferentes a um nível de significância de 5% (DMRT).

4.1.5 Número de pedúnculos

O número de pedúnculos por planta do feijão-caupi hortícola foi significativamente influenciado pelo espaçamento entre fileiras em ambos os anos de experimentação (Quadro 9). O aumento do espaçamento entre fileiras aumentou significativamente o número de pedúnculos (P$\leq$0,05) em 2008, aos 4, 6 e 8 DAA e aos 6 e 8 DAA nas estações húmidas de 2009. O aumento da taxa de desfoliação levou a uma diminuição significativa (P$\leq$0,05) do número de pedúnculos em ambos os anos. A interação entre o espaçamento intra-linha e a taxa de desfoliação no número de pedúnculos não foi significativa em ambos os anos do ensaio.

4.1.6 Diâmetro dos pedúnculos

O diâmetro dos pedúnculos do feijão-frade hortícola foi significativamente (P$\leq$0,05) influenciado pelo espaçamento entre fileiras a 4, 6 e 8 WAS em 2008 e 2009 (Quadro 10). O aumento do espaçamento entre fileiras levou a um aumento significativo do diâmetro dos pedúnculos do feijão-frade hortícola, pelo que quanto maior o espaçamento entre fileiras, mais grosso é o pedúnculo. O aumento da taxa de desfoliação a 50% levou a um aumento significativo (P<0,05) do diâmetro do pedúnculo do feijão-caupi hortícola tanto em 2008 como em 2009, aos 4, 6 e 8 anos. A interação entre o espaçamento intra-linha e a desfoliação no diâmetro do pedúnculo não teve um aumento significativo em ambos os anos do ensaio.

4.1.7 Peso seco do rebento

O peso seco dos rebentos do feijão-caupi hortícola foi significativamente influenciado pelo espaçamento entre linhas em ambos os anos de experimentação (Quadro 11). As plantas semeadas a 20,

Os espaçamentos intra-linha de 30, 40, 50 cm tiveram pesos secos de rebentos por planta significativamente diferentes aos 4, 6 e 8 WAS durante a estação húmida de 2008. Uma diferença não significativa foi observada aos 8 WAS em 2008. Em 2009, no entanto, o espaçamento entre fileiras teve um efeito significativo ($P \leq 0,05$) apenas aos 6 DAA. Níveis crescentes de desfoliação de 25 a 50% resultaram numa diminuição significativa ($P \leq 0,05$) do peso seco dos rebentos aos 4 e 6 DAA em 2008. Não houve diferença significativa entre as taxas de desfoliação aos 4 e 8 DAA, exceto aos 6 DAA, na estação húmida de 2009.

A interação entre o espaçamento intra-linha e a desfoliação no peso seco dos rebentos não foi significativa ($P \leq 0,05$) nas estações húmidas de 2008 e 2009.

4.1.8 Área foliar por planta

Houve um aumento geral da área foliar por planta com o aumento do espaçamento entre linhas, embora não tenha havido diferenças significativas entre todos os tratamentos na estação húmida de 2008 (Quadro 12). Na estação chuvosa de 2009, no entanto, não houve diferenças significativas na área foliar das plantas semeadas em todos os espaçamentos intra-sulcos, exceto no espaçamento intra-sulcos de 50 cm com maior área foliar em comparação com outros tratamentos.

A área foliar por planta do feijão-caupi hortícola foi significativamente ($P \leq 0,05$) influenciada pela desfolha em ambos os anos de experimentação a 4, WAS (Tabela 12). Registou-se um aumento geral e significativo ($P \leq 0,05$) da área foliar por planta em comparação com a desfoliação zero em 2008 e 2009. No ensaio da estação húmida de 2008, a taxa de desfoliação a 75% não teve diferença significativa entre 0% de desfoliação às 8 WAS. No ensaio da estação húmida de 2009, o aumento do nível de desfoliação de 25-75% aumentou a área foliar aos 6 e WAS, mas não houve diferença significativa ($P \leq 0,05$). O aumento da desfoliação reduziu significativamente ($P \leq 0,05$) a área foliar por planta aos 4 DAA no ensaio da estação húmida de 2009. Não houve interação significativa entre a taxa de desfoliação e o espaçamento entre linhas na área foliar da planta em 2008 e 2009.

Quadro 9: *Efeitos do espaçamento entre linhas e das taxas de desfoliação no número de pedúnculos por planta de feijão-frade hortícola em Garkawa nas estações húmidas de 2008 e 2009.*

Treatment	2008			2009		
	Weeks after sowing (WAS)			Weeks after sowing (WAS)		
Spacing (cm)	4	6	8	4	6	8
20	6.0^d	8.0^d	8.0^d	10.1	8.0^d	8.0^d
30	8.0^c	10.0^c	10.0^c	10.2	10.0^c	10.0^c
40	10.0^b	12.0^b	12.0^b	10.0	12.0^b	12.0^b
50	12.0^a	14.0^a	14.0^a	10.0	14.0^a	14.0^a
SE+	0.7	0.84	0.70	0.53	0.61	0.70
Defoliation rate (%)						
0	12.0^a	14.0^a	12.0^a	12.0^a	14.0^a	14.0^a
25	10.0^b	12.0^b	10.0^b	10.0^b	12.0^b	12.0^b
50	8.0^c	10.0^c	8.0^c	8.0^c	10.0^c	10.0^c
75	6.0^d	8.0^d	6.0^d	6.0^d	8.0^d	8.0^d
SE+	0.76	0.04	0.70	0.53	0.70	0.70
S X D	NS	NS	NS	NS	NS	NS

Médias dentro de uma coluna de tratamento seguidas de letra (s) diferente (s) como significativamente diferentes a um nível de significância de 5% (DMRT)

Quadro 10: *Efeito do espaçamento entre fileiras e da taxa de desfoliação no diâmetro (cm) dos pedúnculos do feijão-frade hortícola em Garkawa nas estações húmidas de 2008 e 2009*

Treatment	2008			2009		
	weeks after sowing (WAS)			weeks after sowing (WAS)		
Spacing (cm)	4	6	8	4	6	8
20	0.47^b	0.57^b	0.67^b	0.45^b	0.46^b	0.60^b
30	0.48^b	0.58^b	0.68^b	0.46^b	0.47^b	0.60^b
40	0.80^a	0.69^a	0.70^a	0.69^a	0.70^a	0.70^a
50	0.81^a	0.70^a	0.71^a	0.70^a	0.71^a	0.70^a
SE+	0.03	0.03	0.02	0.03	0.03	0.02
Defoliation rate (%)						
0	0.59^b	0.58^b	0.60^b	0.56^b	0.58^b	0.60^b
25	0.60^b	0.59^b	0.60^b	0.57^b	0.59^b	0.60^b
50	0.70^a	0.71^a	0.70^a	0.69^a	0.70^a	0.71^a
75	0.70^a	0.71^a	0.70^a	0.70^a	0.71^a	0.71^a
SE+	0.03	0.03	0.02	0.03	0.03	0.02
X D	NS	NS	NS	NS	NS	NS

As médias dentro de uma coluna de tratamento seguidas de letra(s) diferente(s) são significativamente diferentes a um nível de significância de 5% (DMRT).

Quadro 11: *Efeito do espaçamento entre fileiras e da taxa de desfoliação no peso seco dos rebentos (g) planta-1 de feijão-frade hortícola em Garkawa, nas estações húmidas de 2005 e 2006*

	2005			2006		
Treatment	weeks after sowing (WAS)			weeks after sowing (WAS)		
Spacing (cm)	4	6	8	4	6	8
20	3.90[a]	3.95[a]	4.95	3.95	4.00[a]	4.90
30	3.98[b]	3.94[a]	4.94	3.90	3.95[b]	4.75
40	3.30[c]	3.40[b]	4.40	3.60	3.69[c]	4.50
50	3.11[d]	3.38[c]	4.38	3.56	3.58[d]	4.50
SE+	0.16	0.17	0.13	0.18	0.18	0.18
Defoliation rate (%)						
0	4.22a	4.30a	4.25a	4.22	4.30a	4.28
25	3.90b	4.20a	4.20b	3.98	4.20b	4.18
50	3.83c	4.18b	4.19b	3.93	4.20b	4.18
75	3.60c	4.00c	3.90b	3.65	3.95c	3.90
SE+	0.16	0.17	0.13	0.18	0.18	0.18
S X D	NS	NS	NS	NS	NS	NS

As médias numa coluna de tratamento seguidas de letra(s) diferente(s) são significativamente diferentes ao nível de 5% de significância (DMRT).

Quadro 12: *Efeitos do espaçamento entre fileiras e da taxa de desfoliação na área foliar (cm^2) da planta[1] de feijão-frade hortícola em Garkawa, nas épocas de cultivo de 2008 e 2009*

	2008			2009		
Treatment	Weeks after sowing (WAS)			Weeks after sowing (WAS)		
Spacing (cm)	4	6	8	4	6	8
20	556.8	310.40	344.60	38.40[c]	283.59	533.15
30	126.01	592.66	428.67	55.43[c]	571.73	1077.61
40	178.73	707.85	591.66	60.47[b]	695.98	1172.62
50	160.21	528.54	563.66	50.39[a]	556.54	1003.15
SE+	12.30	63.2	64.32	1.29	43.97	86.95
Defoliation rate (%)						
0	114.16[c]	487.35[b]	456.85[c]	43.03[d]	466.27[b]	763.59[b]
25	130.99[b]	557.10[a]	508.37[a]	56.08[b]	473.43[a]	961.59[a]
50	145.74[a]	546.67[a]	667.81[a]	55.78[a]	508.51[a]	954.76[a]
75	145.76[a]	548.21[a]	457.35[c]	50.80[c]	564.64	1108.59[a]
SE+	12.99	63.30	64.32	1.29	43.97	86.96
S X D	NS	NS	NS	NS	NS	NS

As médias dentro de uma coluna de tratamento seguidas de letra(s) diferente(s) são significativamente diferentes ao nível de significância de 5% (DMRT).

4.1.9 Rendimento de folhas comestíveis

A produção de folhas comestíveis de feijão-caupi vegetal foi significativamente influenciada pelo espaçamento entre fileiras (P≤ 0,05), como mostra a tabela 13. O aumento do espaçamento entre fileiras resultou num aumento significativo (P≤ 0,05) da produção de folhas comestíveis na estação húmida de 2008 a 4 e 8 WAS. Os espaçamentos intra-linha foram semelhantes (P≤ 0,05) na produção de folhas comestíveis na estação húmida de 2009. O aumento da taxa de desfoliação levou a um decréscimo significativo na produção de folhas comestíveis de feijão-caupi vegetal aos 6 DAA. As diferenças na produção de folhas comestíveis entre as taxas de desfoliação de 0, 25, 50 e 75% não foram significativas em 2005, aos 4 e 8 DAA. Do mesmo modo, as diferenças entre as taxas de desfoliação de 0, 25, 50 e 75% não foram significativas em 2009. Não se verificou uma interação significativa entre o espaçamento intra-linha e a taxa de desfoliação no rendimento foliar comestível do feijão-frade hortícola, tanto em 2008 como em 2009, aos 4, 6 e 8 DAA.

4.1.10 Taxa de crescimento das culturas

A taxa de crescimento da cultura (CGR) do feijão-frade hortícola foi significativamente (P≤ 0,05) influenciada pelo espaçamento entre fileiras e pela taxa de desfoliação em ambos os anos de experimentação aos 6 DAA (Quadro 14). A taxa de crescimento das culturas foi mais elevada a 50 cm aos 4, 6 e 8 DAA em ambos os anos de experimentação. O espaçamento intra-linha foi semelhante aos 4 e 8 DAA em ambos os anos de experimentação. A taxa de crescimento das culturas de feijão-frade hortícola a 50 cm às 6 WAS foi superior a 40 cm, que também foi superior a 20 e 30 cm em 2008. Não houve diferença significativa entre 20 e 30 cm em 2009, apesar de ter havido uma diferença nas médias.

A desfolha de 25% das folhas de feijão-frade foi semelhante à desfolha de 0% na CGR em ambos os anos de experimentação aos 4 e 6 DAA em 2008. Em 2009, no entanto, houve um efeito significativo da desfoliação na CGR aos 4 e 6 DAA, exceto aos 8 DAA, que foram semelhantes. A desfoliação do feijão-frade a 50% teve uma CGR superior à desfoliação do feijão-frade a 70% em ambos os anos do ensaio, exceto na WAS em 2009, que foram semelhantes. A interação entre o espaçamento intra-linha e a taxa de desfoliação não foi significativa em ambos os anos dos ensaios.

4.1.11 Taxa de assimilação líquida

Os dados sobre a taxa de assimilação líquida (TAL) do feijão-caupi vegetal são apresentados no quadro 15. A taxa de assimilação líquida do feijão-frade hortícola em diferentes espaçamentos entre fileiras não foi significativamente diferente (P≤ 0,05) em ambos os anos dos ensaios. Registou-se um aumento geral da TAL com o aumento do espaçamento entre fileiras.

Do mesmo modo, registou-se um aumento geral do NAR com o aumento da desfoliação. No entanto, estes aumentos não foram significativos. A interação entre o espaçamento intrarow e a taxa de desfoliação NAR não foi significativa (P≤ 0,05) em ambos os anos.

4.1.12 Número de dias até à primeira floração

A influência do espaçamento entre fileiras e da taxa de desfoliação no número de dias até à primeira floração do feijão-frade hortícola é apresentada no Quadro 16. O espaçamento entre fileiras não teve efeito significativo sobre o número de dias até à primeira floração em 2008 e 2009. No entanto, houve uma diminuição significativa (P≤ 0,05) do número de dias até à primeira floração com o aumento da desfoliação na estação húmida de 2009. Não se verificou uma interação significativa entre o espaçamento entre fileiras e a taxa de desfoliação no número de dias até à primeira floração do feijão-frade hortícola, tanto em 2008 como em 2009.

Quadro 13: *Efeito do espaçamento entre fileiras e da taxa de desfolha na produção de folhas comestíveis (g) da planta[1] de feijão-frade hortícola em Garkawa nas colheitas de 2008 e 2009*

	2008			2009		
Treatment	**Weeks after sowing (WAS)**			**Weeks after sowing (WAS)**		
Spacing (cm)	4	6	8	4	6	8
20	3.1^c	3.3	2.0^c	4.1	4.2	4.0
30	3.4^b	3.5	2.2^c	4.3	4.4	4.0
40	5.6^a	5.6	5.1^b	5.6	5.8	5.0
50	5.7^a	5.8	5.7^a	4.1	5.9	5.6
SE±	0.63	0.68	0.50	0.70	0.72	0.72
Defoliation rate (%)						
0	6.8	7.1^a	7.0	6.9	7.2	7.2
25	5.6	6.8^a	6.8	5.9	6.9	6.6
50	5.4	6.7^b	7.0	5.7	6.9	6.9
75	4.2	5.7^c	5.5	4.6	5.8	5.6
SE±	0.63	0.68	0.50	0.70	0.72	0.72
S X D	NS	NS	NS	NS	NS	NS

As médias dentro de uma coluna de tratamento seguidas de letra(s) diferente(s) são significativamente diferentes ao nível de significância de 5% (DMRT).

Quadro 14: *Efeito do espaçamento entre fileiras e da taxa de desfoliação na taxa de crescimento das plantas de feijão-frade (gwk^{-1}) 4-8 após a sementeira em Garkawa*

	2008			2009		
Treatment	Weeks after sowing (WAS)			Weeks after sowing (WAS)		
Spacing (cm)	4	6	8	4	6	8
20	5.90	6.37^d	8.17	5.71	7.36^c	8.1
30	5.98	7.39^c	9.73	5.80	7.41^c	8.14
40	6.03	8.15^b	10.14	6.05	8.17^b	9.14
50	6.27	9.65^a	10.65	6.30	9.75^a	9.17
Defoliation rate (%)						
0	5.30^a	9.54^a	10.80^a	5.29^a	9.55^a	10.83
25	5.68^a	9.65^a	10.82^a	5.67^a	9.63^a	10.79
50	5.20^a	8.14^b	9.98^b	5.18^a	8.16^b	9.98
75	4.48^b	7.40^c	9.17^c	4.31^b	7.41^c	9.87
SE±	0.17	0.18	2.91	0.17	0.18	2.91
S X D	NS	NS	NS	NS	NS	NS

As médias seguidas pelas mesmas letras dentro dos grupos de tratamento não são significativamente diferentes (DMRT).

Quadro 15: *Efeito do espaçamento entre fileiras e da taxa de desfolha na taxa de assimilação líquida do feijão-frade hortícola (ggwk^{-1}) 4 a 8 semanas após a sementeira em Garkawa*

	2008			2009		
Treatment	Weeks after sowing (WAS)			Weeks after sowing (WAS)		
Spacing	4	6	8	4	6	8
20	0.96	0.62	0.42	0.97	0.63	0.43
30	0.97	0.63	0.43	0.97	0.64	0.43
40	0.98	0.64	0.43	0.98	0.65	0.44
50	0.98	0.64	0.44	0.98	0.65	0.45
Defoliation rate (%)						
0	0.49	0.36	0.31	0.50	0.37	0.33
25	0.54	0.41	0.30	0.55	0.42	0.32
50	0.98	0.88	0.60	0.99	0.89	0.61
75	1.00	0.98	0.63	1.00	0.89	0.62
SE±	0.07	0.03	0.02	0.07	0.07	0.02
S X D	NS	NS	NS	NS	NS	NS

As médias seguidas pelas mesmas letras dentro dos grupos de tratamento não são significativamente diferentes (DMRT).

4.1.12 Números de dias até 50 por cento de floração

O número de dias até 50% de floração não foi significativamente influenciado pelo espaçamento entre fileiras tanto em 2008 como em 2009 (Quadro 16). O número de dias para 50% de floração não foi significativamente influenciado pela taxa de desfoliação em 2008. Em 2009, no entanto, houve uma redução significativa (P≤ 0,05) no número de dias para 50% de floração à medida que as folhas foram desfolhadas em comparação com 0% de desfolha. Não houve interação significativa entre o espaçamento intra-linha e a taxa de desfoliação no número de dias até 50% de floração durante os anos do ensaio.

4.2 Efeito do espaçamento entre fileiras e da taxa de desfoliação no rendimento das vagens verdes e nos componentes do rendimento do feijão-frade

O efeito do espaçamento entre fileiras e da taxa de desfoliação no rendimento de vagens verdes e em alguns componentes do rendimento é apresentado no (Quadro 17).

4.2.1 Comprimento da cápsula

O comprimento das vagens do feijão-frade hortícola foi significativamente influenciado pelo espaçamento entre fileiras em 2008 e 2009. As plantas semeadas com um espaçamento de 20 cm entre fileiras tiveram vagens significativamente mais curtas em comparação com as plantas semeadas com espaçamentos de 30, 40 e 50 cm entre fileiras em ambos os anos dos ensaios. O comprimento das vagens do feijão-frade hortícola aumentou significativamente (P<0,05) com a taxa de desfoliação de 75-0%. No entanto, não houve diferença significativa no comprimento das vagens entre o controlo e a desfoliação a 25% em 2008. Em 2009, o comprimento de vagem das plantas desfolhadas a 2575% teve um comprimento de vagem significativamente maior em comparação com aquelas que não foram desfolhadas. A interação entre o espaçamento intra-linha e a taxa de desfoliação no comprimento das vagens não mostrou significância (P≤ 0,05) em ambos os anos.

Quadro 16: *Efeito do espaçamento entre fileiras e da taxa de desfoliação no dia da primeira floração e no número de dias até à floração a 50% do feijão-frade hortícola em Garkawa, nas campanhas agrícolas de 2008 e 2009*

	2008	2009	2008	2009
Treatment	Numbers of days to first flowering		Number of days to 50% flowering	
Spacing (cm)				
20	45.18	45.19	50.93	50.73
30	44.75	44.65	51.93	51.73
40	45.68	45.66	51.93	50.84
50	46.42	46.43	51.83	51.90
SE+	0.82	0.92	0.40	0.42
Defoliation rate (%)				
0	46.93	48.90[a]	59.75	52.04[a]
25	93	46.26[b]	51.00	50.98[b]
50	43.83	44.19[c]	51.09	50.99[b]
75	45.33	42.06[d]	51.33	50.00[b]
SE+	0.82	0.92	0.40	0.42
S X D	NS	NS	NS	NS

As médias dentro de uma coluna de tratamento seguidas de letra(s) diferente(s) são significativamente diferentes ao nível de significância de 5% (DMRT).

4.2.2 Número de vagens por planta

O número de vagens por planta do feijão-caupi hortícola foi aumentado com o aumento do espaçamento entre fileiras em 2008, mas o aumento não foi significativo, em 2006, o tratamento resultou em um efeito significativo (p<0,05) no número de vagens por plantas. O número de vagens nos espaçamentos de 30cm e 40cm não foi diferente estatisticamente em 2009. Houve uma diminuição geral no número de vagens com o aumento das taxas de desfolha em ambas as estações. A interação entre os espaçamentos intra-linha e as taxas de desfoliação no número de vagens por planta não foi significativa em ambas as estações.

4.2.3 Rendimento de vagens verdes

A influência do espaçamento entre fileiras e da taxa de desfoliação no rendimento de vagens verdes é apresentada na Tabela 17. O espaçamento entre fileiras teve um efeito significativo (P<0,05) no rendimento de vagens verdes do feijão-caupi hortícola apenas em 2009, mas não em 2008. Os rendimentos de vagens verdes dos espaçamentos intra-linha de 20-30cm foram (P<0,05) estatisticamente semelhantes em 2009, e não houve diferença estatística no rendimento de vagens entre 40 e 50cm em 2009. Um aumento na taxa de desfolha diminuiu significativamente (P<0,05) a produção de vagens verdes em ambos os anos do estudo. A produção de vagens verdes foi mais elevada quando as folhas do feijão-frade hortícola não foram desfolhadas em ambos os anos. Isto não foi estatisticamente diferente de 25% de colheita de folhas em 2008 e 2009. Houve uma interação significativa (P<0,05) entre o espaçamento intra=linha e a taxa de desfoliação em ambos os anos do estudo no rendimento de vagens verdes do feijão-frade.

A interação significativa entre o espaçamento intra-linha e a taxa de desfoliação no rendimento de vagens verdes para as estações húmidas de 2008 e 2009 é apresentada em 18. Os rendimentos de vagens verdes mais elevados foram registados no espaçamento intra-linha de 20 cm com 25% de desfoliação nas estações húmidas de 2008 e 2009.

4.2.2 Percentagem de proteína bruta

Os dados sobre a percentagem de proteína bruta afetada pelo espaçamento entre fileiras e pela taxa de desfoliação são apresentados no quadro 19. Embora tenha havido um aumento na percentagem de proteína bruta do feijão-frade vegetal com o aumento do espaçamento entre fileiras em ambos os anos do ensaio, estes não foram significativos em ambas as estações.

O aumento da taxa de desfoliação do feijão-frade para além de 25% diminuiu significativamente a percentagem de proteína bruta em ambos os anos. A taxa de desfoliação de 25% registou o maior teor de proteína bruta em ambos os anos. A interação entre o espaçamento entre fileiras e a taxa de desfoliação na percentagem de proteína bruta não foi significativa em ambos os anos.

4.3   Estudos de correlação

A análise de correlação entre a componente de rendimento de vagens verdes e os caracteres de crescimento do feijão-frade hortícola é apresentada nos quadros 20 e 21. Existe uma correlação altamente significativa e positiva entre o rendimento de vagens verdes e a altura da planta, a área foliar e o número de vagens por planta, embora a relação entre o rendimento de vagens verdes, o número de pedúnculos, o número de folhas e o peso seco do rebento seja positiva, foi considerada não significativa em 2008. Em 2009, a relação entre a produção de vagens verdes e a área foliar, a altura da planta e o comprimento da vagem foi altamente significativa e positiva. Foi observada uma correlação positiva e significativa entre o rendimento de vagens verdes e o número de pedúnculos e o rendimento de vagens verdes e o número de vagens por planta. A relação entre a produção de vagens verdes e o peso seco dos rebentos e o número de folhas foi positiva mas não significativa.

Quadro 17: *Efeitos do espaçamento entre fileiras e da taxa de desfoliação no rendimento de vagens verdes e em alguns componentes do rendimento do feijão-frade hortícola em Garkawa*

Treatment	2008			2009		
	Pod length (cm)	Number of pod plant^{-1}	Green pod yield (cm) (kgha^{-1})	Pod length (cm)	Number of pod plant^{-1}	Green pod yield (cm) (kgha^{-1})
Spacing (cm)						
20	9.94[b]	20.99	2548.22	9.66[b]	20.45[b]	4430.00[a]
30	10.34[a]	21.81	2578.79	10.54[a]	50.77[a]	4433.30[a]
40	10.32[a]	22.94	2335.44	10.56[a]	53.38[a]	4145.00[b]
50	10.20[a]	24.64	2153.26	10.54[a]	51.53[a]	3707.00[c]
SE=	0.10	1.34	96.36	0.10	1.34	96.36
Defoliation rate (%)						
0	10.64[a]	27.84[a]	2657.69[a]	9.54[b]	52.43[a]	2760.90[a]
25	10.50[a]	27.83[a]	2439.59[a]	10.43[a]	52.24[a]	2690.86[a]
50	1010.26[b]	17.50[b]	2149.60[b]	10.57[a]	50.19[a]	2213.90[b]
75	109.35[c]	16.21[c]	1860.02[c]	10.60[a]	20.56[b]	1924.81[c]
SE±	0.10	1.34	96.36	0.10	1.34	96.36
S X D	NS	NS	*	NS	NS	*

As médias dentro de uma coluna de tratamento seguidas de letra(s) diferente(s) são significativamente diferentes a um nível de significância de 5% (DMRT).

Quadro 18: *Interação entre o espaçamento entre fileiras (cm) e a taxa de desfoliação (%) no rendimento de vagens verdes (kg/ha) de feijão-caupi hortícola em Garkawa nas estações húmidas de 2008 e 2009*

Spacing	2008				2009			
	0	25	50	75	0	25	50	75
20	3779.2[b]	3955.6[a]	3801.1[c]	3858.1[c]	3868.1[d]	4047.5[a]	903.1[c]	3968.1[b]
30	3787.1[c]	3865.3[b]	3866.2[b]	3846.0[c]	3896.2[c]	3979.4[b]	3977.2[b]	3956.0[b]
40	3870.4[b]	3860.0[b]	3795.1[c]	3774.0[c]	3968.4[b]	3974.3[b]	3873.2	3884.1[c]
50	3881.2[b]	3861.0[b]	3764.3[c]	3766.2[c]	3970.3[b]	3971.2[b]	3884.3[c]	3875.3[c]
LSD (P≤0.05)		41.4				22.3		

As médias dentro de uma coluna de tratamento seguidas de letra(s) diferente(s) são significativamente diferentes a um nível de significância de 5% (DMRT)

Quadro 19: *Efeito do espaçamento entre fileiras e da taxa de desfoliação na percentagem de proteína bruta do feijão-frade em Garkawa nas épocas de cultivo de 2008 e 2009*

Treatment	2008	2009
Spacing (cm)		
20	23.30	23.33
30	23.39	23.28
40	24.30	24.29
50	24.31	24.33
SE±	0.37	0.38
Defoliation rate (%)		
0	18.30^d	18.37^d
25	22.49^a	22.98^a
50	21.38^b	21.37^b
75	20.70^c	20.59^c
SE±	0.37	0.38
S X D	NS	NS

As médias dentro de uma coluna de tratamento seguidas de letras diferentes são significativamente diferentes ao nível de 5% de significância (DMRT).

Quadro 20: *Matriz de correlação entre alguns parâmetros de crescimento e rendimento na época agrícola de 2008*

	1	2	3	4	5	6	7	8
1	1.00							
2	0.660**	1.00						
3	0.416**	0.621**	1.00					
4	0.282**	0.406**	0.533**	1.00				
5	0.406**	0.361*	0.473**	0.450**	1.00			
6	0.696**	0.647**	0.692**	0.618**	0.546**	1.00		
7	0.066	0.190	0.125	0.631**	0.060	0.178	1.00	
8	0.778**	0.559**	0.241	0.061	0.285	0.550**	-0.060	1.00

NB = altura da planta às 8 WAS
    = área foliar t 8 WAS
    = número de folhas por planta a 8 WAS
    = número de pedúnculos por planta às 8 WAS
    = peso seco do rebento às 8 WAS
    = número de vagens por planta às 8 WAS
    = comprimento da vagem
    = rendimento em vagens verdes

Significativo ao nível de 5% de significância (r = 0,2875)
Significativo ao nível de 1% de significância (r = 0,3721)

Quadro 21: *Matriz de correlação entre alguns parâmetros de crescimento e rendimento na época agrícola de 2009*

	1	2	3	4	5	6	7	8
1	1.00							
2	0.601**	1.00						
3	0.182**	0.611**	1.00					
4	0.333**	0.682**	0.906**	1.00				
5	0.182**	0.392*	0.490**	0.567**	1.00			
6	0.430**	0.647**	0.713**	0.730**	0.592**	1.00		
7	0.473	0.596	0.373	0.380**	0.269	0.528	1.00	
8	0.761**	0512**	0.169	0.304	0.237	0.356**	0.674	1.00

NB 1 = altura das plantas às 8 WAS
    2 = área foliar t 8 WAS
    3 = número de folhas por planta a 8 WAS
    4 = número de pedúnculos por planta às 8 WAS
    5 = peso seco do rebento às 8 WAS
    6 = número de vagens por planta às 8 WAS
    7 = comprimento da vagem
    8 = rendimento em vagens verdes
Significativo ao nível de 5% de significância (r = 0,2875)
Significativo ao nível de 1% de significância (r = 0,3721)

CAPÍTULO CINCO

DISCUSSÃO

5.1 Efeito do espaçamento entre fileiras no crescimento e rendimento do feijão-frade

O resultado desta investigação indicou que existem diferenças na altura da planta medida devido ao efeito do espaçamento entre fileiras. Houve um aumento significativo da altura das plantas com a diminuição do espaçamento entre fileiras de 50-20cm. Este resultado está em conformidade com as conclusões de Schippers (2000). Este resultado está em conformidade com os resultados de Schippers (2000), que registou um aumento da altura das plantas com o aumento da densidade por unidade de área. Da mesma forma, Mahmud *et al* (1996) registaram um aumento significativo da altura das plantas com um espaçamento de 20 cm entre linhas, em comparação com um espaçamento mais largo. Uma possível explicação para este resultado poderia ser a competição pela luz solar, que resulta em etiolação, dando origem a plantas espigadas. Contrariamente a esta constatação, o relatório de Dungshik (2005) registou um aumento insignificante da altura das plantas a 15 cm em comparação com um espaçamento mais largo (50-75 cm). Uma possível explicação para este facto pode ser a composição genética desta variedade, cuja altura não pode ser aumentada como resultado de um stress competitivo.

O resultado obtido mostrou que houve uma diferença significativa entre os tratamentos de espaçamento intra-linha no número de folhas. Semear a cultura a 40 e 50 cm resultou num maior número de folhas por planta. Uma possível explicação para este facto pode ser que, com um maior espaçamento entre fileiras, as plantas não estavam a competir menos por luz, nutrientes e espaço para o seu crescimento e desenvolvimento. Estes resultados foram semelhantes aos encontrados por Mackenzie *et al* (1975) e Uguru (1997)

O peso fresco dos rebentos do feijão-frade hortícola aumentou com a diminuição do espaçamento entre fileiras. Isto deveu-se provavelmente ao facto de os rebentos de plantas com baixa densidade de plantas poderem transpirar mais do seu conteúdo de água para a atmosfera como resultado da elevada intensidade de luz solar sobre a planta. Isto foi semelhante às conclusões de Kayode e Odulaja (1985), que registaram um aumento significativo do peso fresco dos rebentos com a diminuição do espaçamento entre fileiras, o que, no entanto, é contrário ao relatório de Dungshik (2005), que registou um aumento do peso fresco dos rebentos de feijão-frade hortícola com o aumento do espaçamento.

O peso seco dos rebentos do feijão-frade hortícola não foi influenciado pelo espaçamento entre fileiras em 2009. As plantas semeadas a 20 cm entre fileiras tiveram o mesmo peso seco de rebentos que as plantas semeadas com espaçamento de 4, 6 e 8 WAS. O peso seco dos rebentos aumentou significativamente com a diminuição do espaçamento entre fileiras na estação húmida de 2008. A redução do peso seco dos rebentos por unidade de área de terra com um espaçamento mais próximo entre linhas pode ser atribuída a um espaço inadequado para o crescimento e desenvolvimento, o que resultou numa competição pela luz, humidade e nutrientes entre plantas. Estes resultados confirmam as conclusões de Mahmud *et al.,* (1996) que referem que o aumento do espaçamento intra-fileiras aumenta o peso seco dos rebentos do feijão-frade.

A sementeira da cultura com um espaçamento de 20-50 cm entre linhas resultou num aumento não significativo da área foliar por planta às 6 e 8 WAS em 2008 e às 4 e 8 WAS em 2009. Uma possível explicação para este facto pode ser a quantidade e a distribuição da precipitação, que não foi suficiente no período de crescimento. Uguru (1997) sugeriu que as plantas devem ser semeadas numa altura que lhes permita aproveitar o melhor período de dias longos e a distribuição uniforme da precipitação para uma área foliar óptima

(início da estação das chuvas). Houve uma diferença significativa entre a área foliar das plantas aos 4 DAA em 2008 e aos 6 DAA em 2009. Isto pode dever-se ao facto de a quantidade total de precipitação ter sido mais elevada na estação chuvosa de 2008, aos 4 DAA, e aos 6 DAA, na estação chuvosa de 2009 (Anexo iv)

A produção de folhas comestíveis de feijão-frade foi significativamente influenciada pelo espaçamento entre fileiras (P<0,05). O aumento do espaçamento entre fileiras resultou num aumento significativo da produção de folhas comestíveis na estação húmida de 2008 com 4 e 8 WAS. O aumento significativo na produção de folhas comestíveis das plantas com o aumento do espaçamento entre fileiras em 2008 pode ser devido ao facto de que os espaçamentos baixos exercem um efeito positivo no desenvolvimento de gemas a partir das quais as folhas se desenvolvem como resultado da baixa competição por luz e factores favoráveis de crescimento. Bailey (1992), no entanto, relatou que o crescimento das folhas de vegetais herbáceos anuais é caracterizado por um espaçamento elevado entre plantas.

O resultado obtido sobre a taxa de crescimento da cultura do feijão-frade hortícola mostrou que havia diferenças significativas entre os espaçamentos intra-linha. Isto deveu-se, provavelmente, ao facto de que no espaçamento intra-linha próximo houve competição pela luz solar e humidade. É necessária uma quantidade suficiente de humidade para o crescimento de qualquer planta. O transporte de materiais alimentares é possível com a ajuda de água suficiente. A água em quantidade suficiente é fundamental para o crescimento de qualquer cultura, especialmente nas fases de floração e enchimento de grãos.

O espaçamento intra-linha não influenciou significativamente o número de dias até à floração e 50% de floração, bem como os dias até à primeira floração, embora as plantas semeadas em espaçamentos mais largos tenham levado mais dias a atingir estas fases. O tempo até à floração é uma caraterística genética e não é substancialmente afetado pelo ambiente. (Westerman e Crothers, 1977). Isso também pode ser devido a semelhanças na resposta ao efeito fotoperiódico na variedade, como relatado por Steele e Mehra (1980), o que é contrário às descobertas de Mackenzie, et al (1975), que relataram uma redução significativa na floração do feijão-caupi com o aumento da densidade da planta.

Os dados sobre o número de vagens por planta revelaram que o maior número de vagens por planta foi obtido com 50 cm de espaçamento entre fileiras em 2008 e o menor com 20 cm, mas estes foram estatisticamente (P< 0,05) semelhantes. Em 2009, no entanto, o número de vagens foi maior no espaçamento de 40cm entre fileiras, que foi estatisticamente diferente dos outros (P< 0,05). Uma possível explicação para isso pode ser que, com um espaçamento maior entre fileiras, as plantas estavam competindo minimamente por luz, nutrientes, espaço e umidade. As diferenças entre os resultados de 2008 e 2009 podem estar relacionadas com a variação da precipitação e das variáveis climáticas.

O rendimento de vagens verdes do feijão-frade hortícola foi mais elevado com um espaçamento de 30 cm entre fileiras nas épocas de cultivo de 2008 e 2009. Isto pode dever-se ao facto de as plantas semeadas a uma densidade mais elevada apresentarem uma maior superfície fotossintética por unidade de área, sintetizando assim mais assimilados. Resultados semelhantes foram obtidos por Shehu (1998). Apesar de o rendimento por planta ser mais elevado com espaçamentos mais largos entre linhas, o rendimento total por hectare foi mais elevado com espaçamentos mais próximos entre linhas, devido ao aumento do número de plantas por área. Os resultados obtidos neste estudo mostraram que não houve diferença significativa na percentagem de proteína bruta do feijão-caupi vegetal devido a diferenças no espaçamento entre fileiras.

5.2 Efeito da taxa de desfoliação no crescimento e rendimento das culturas hortícolas

O aumento da taxa de desfolha levou a uma diminuição significativa da altura da planta. Isto deve-se ao facto de as folhas colhidas serem responsáveis pelo fabrico de alimentos e pela sua canalização para outras partes das plantas para crescimento. Isto é semelhante às conclusões de Itai e Birnbaum (1991), que referiram que o aumento da altura das culturas hortícolas herbáceas anuais é função das suas folhas. As folhas desempenham uma função dupla de fonte e de sumidouro. Esta constatação é contrária ao trabalho de Dungshik (2005), que registou uma diferença não significativa na altura das plantas de feijão-caupi quando as folhas do feijão-caupi foram colhidas às 8 semanas. No entanto, o efeito da desfolha na época de cultivo de 2009 foi o mesmo que o encontrado por Dungshik (2005). O resultado não mostra uma diminuição significativa da altura da planta do feijão-caupi vegetal quando as folhas do feijão-caupi vegetal foram colhidas aos 8 anos de idade. A razão para isto pode ser o facto de as folhas terem sido colhidas perto da fase linear de crescimento (8WAS), tal como referido por Dupriez e De-leener, (1989). A desfoliação repetida das folhas controlou a altura da planta (Uguru, 1997).

O resultado mostra que o número máximo de folhas foi obtido com um nível de desfolha de zero por cento, embora tenha sido estatisticamente diferente com um nível de desfolha de 25%. O número máximo de folhas foi obtido com 75% de desfolha, o que não foi diferente estatisticamente com 50% de colheita de folhas. Dupriez e De-leener (1989) relataram que a forma e o número de folhas colhidas podem influenciar muito a produção nas semanas seguintes. Isto deve-se ao facto de a planta ter pouca folhagem para a fotossíntese. Se o ambiente o permitir, a planta produzirá rapidamente rebentos que, por sua vez, produzirão folhas para substituir as que foram desfolhadas. As folhas raramente são colhidas de uma só vez. A principal razão para isto é que as folhas são perecíveis e, uma vez colhidas, não podem ser mantidas em boas condições durante mais de dois dias após a colheita, devido ao elevado teor de humidade que contêm e que favorece o crescimento de agentes patogénicos. Por isso, os agricultores colhem a quantidade de folhas de que necessitam para uso imediato, deixando as restantes por colher até serem necessárias (Grubben, 1977).

O diâmetro do caule do feijão-frade hortícola e o diâmetro dos pedúnculos do feijão-frade hortícola aumentaram com a diminuição da taxa de desfoliação nos ensaios de 2008 e 2009. Provavelmente devido a materiais alimentares suficientes extraídos das folhas, ajudando assim o crescimento. Esta constatação não está em conformidade com a constatação de Dupriez e De-leener (1989), que referiram que, quando as plantas são podadas, a seiva da planta é direcionada para o caule, incentivando assim o crescimento lateral.

O peso fresco dos rebentos do feijão-frade hortícola registou uma diminuição com o aumento da desfoliação. Em 2009, não se registou qualquer efeito no peso fresco dos rebentos. Isto deve-se ao facto de as folhas deixadas não serem suficientes para fotossintetizar e canalizar os assimilados para os rebentos. Os materiais alimentares eram apenas suficientes para ajudar a cultura a enfrentar o stress. Isto é contrário às conclusões de Splits (1981), que registou um aumento do peso fresco dos rebentos com o aumento da desfoliação. O peso seco dos rebentos do feijão-frade hortícola diminuiu com o aumento da taxa de desfoliação em 2009. Isto pode ser resultado da baixa retenção de humidade com o aumento da desfoliação.

Ao contrário, Grubben (1977) relatou que o peso fresco e o peso seco ideais dos rebentos foram atingidos com a diminuição da colheita de folhas.

As áreas foliares do feijão-frade hortícola aumentaram com a diminuição da desfoliação. Uma possível explicação para este facto pode ser o facto de as plantas aumentarem a sua área foliar para compensar a perda de órgãos fotossintéticos (folhas). Lawlor (1987) relatou que a fotossíntese líquida total por unidade de área de solo é uma função da energia luminosa absorvida por unidade de área foliar e do número de dias de assimilação. Segundo esta afirmação, o fator mais importante na fotossíntese é a área foliar, pelo que, mesmo que as folhas sejam pequenas em quantidade mas fotossinteticamente activas, são suficientes para satisfazer as necessidades fotossintéticas da cultura (Lawlor, 1987).

Os resultados sobre o rendimento foliar comestível do feijão-frade hortícola mostraram um aumento da área foliar com a diminuição da desfolha. A diferença não significativa na produção de folhas comestíveis pode dever-se à capacidade da planta de produzir mais folhas para compensar as que foram colhidas. A taxa de assimilação líquida foi geralmente boa, uma vez que a maior parte dos valores são inferiores a um, exceto quando 75% das folhas foram colhidas às 4 WAS em ambos os anos do ensaio. Registou-se um aumento não significativo da taxa de assimilação líquida com o aumento da taxa de desfoliação em ambos os anos. A diminuição consistente da taxa de assimilação líquida ao longo da amostragem indica que a competição por nutrientes e água surgiu devido ao sombreamento mútuo com o aumento do vigor e da folhagem da cultura (Shehu, 1998).

O aumento da taxa de crescimento da cultura aos 4-8 DAA não está de acordo com Shehu (1998), que registou um aumento da taxa de crescimento inicial da cultura aos 4-6 DAA e uma diminuição posterior aos 7 DAA. O aumento da taxa de crescimento da cultura pode dever-se à elevada densidade de plantas por unidade de superfície, o que levou a uma competição pela humidade, espaço, luz e nutrientes, tal como referido por Lawn (1983). Pode também dever-se à temperatura nocturna elevada, que se acredita ter aumentado a taxa de crescimento vegetativo vigoroso e as plantas maiores na altura da floração.

O efeito não significativo da desfoliação nos dias até 50% de floração na estação húmida de 2008 pode ser atribuído ao fraco padrão de precipitação (não à quantidade de precipitação). Consequentemente, as plantas foram espaçadas para florescer quase ao mesmo tempo. Longendra *et al.*, (1990) referiram que as plantas têm a capacidade de ajustar a divisão quando expostas a diferentes ambientes e stress. Ao podar plantas de tomate, verificaram que as folhas dos restantes rebentos acumulavam hidratos de carbono mais rapidamente durante o crescimento.

O número de vagens do feijão-frade hortícola foi mais elevado com 0% de desfolha e o menor com 75% de desfolha em 2008 e mais elevado com 25% de desfolha em 2009. O rendimento de vagens verdes do feijão-frade hortícola foi mais elevado com 0% de desfoliação em ambos os anos do ensaio, embora não tenha sido significativamente diferente da taxa de desfoliação de 25%. Lenz *et al.*, (1980) realizaram uma experiência com batatas em que as folhas terminais foram removidas, deixando dois folhetos laterais como sumidouros. Eles demonstraram que a quantidade de assimilados translocados para os dois folíolos a 25% da colheita das folhas não diminuiu. As folhas primárias remanescentes tornaram-se a fonte de assimilados, duplicando a sua exportação para os folíolos sem alterar a sua taxa de fotossíntese, aumentando assim o armazenamento de hidratos de carbono e o rendimento.

A percentagem de proteína bruta das folhas secas de feijão-frade foi significativamente influenciada pelas taxas de desfoliação. A percentagem de proteína bruta foi mais elevada com uma taxa de desfoliação de 25%. Este facto é atribuído ao facto de as plantas terem mais células fotossintéticas e estarem menos expostas a efeitos de feridas, podendo assim acumular proteínas para serem utilizadas (Grubben, 1977).

5.3 Interação entre o espaçamento intra-sectores e as taxas de desfoliação no feijão-frade

Os efeitos significativos da interação entre o espaçamento entre fileiras e a taxa de desfoliação na altura das plantas em 2008 e 2009 devem-se ao facto de os espaçamentos entre fileiras e as folhas das plantas serem dois factores que contribuem para a densidade de plantas numa parcela, o que torna possível a competição por espaço, nutrientes, luz e humidade. A interação significativa entre os espaçamentos intra-fileiras e a taxa de desfoliação no peso fresco dos rebentos em 2009, bem como a interação significativa entre o espaçamento intra-fileiras e a taxa de desfoliação no rendimento de vagens verdes (kg ha^{-1}) de feijão-frade hortícola em ambos os anos da experimentação deveu-se provavelmente ao facto de as folhas das plantas serem órgãos importantes no fabrico dos seus alimentos e desempenharem um papel vital no crescimento e desenvolvimento da cultura. É digno de nota o facto de o melhor rendimento ter sido obtido com uma combinação de 20 cm de espaçamento entre fileiras e 25% de taxa de desfolha e não com 0% de taxa de desfolha. Isto mostra que a colheita mínima de folhas foi uma prática positiva.

5.4   Estudos de correlação

As correlações positivas significativas entre a produção de vagens verdes e caracteres relacionados com o crescimento, como a altura da planta, a área foliar e o número de pedúnculos por planta, podem ser atribuídas ao facto de a área foliar ser um determinante direto da produção de vagens verdes. As folhas das plantas são recipientes fotossintéticos que fabricam alimentos para a sua produção. Resultados semelhantes foram registados por Shehu (1998) e Micah (2004). A correlação significativa e positiva entre o número de vagens por planta e o comprimento das vagens com o rendimento em vagens verdes revelou que estes caracteres são determinantes diretos do rendimento em vagens verdes do feijão-frade hortícola.

CAPÍTULO SEIS

RESUMO E CONCLUSÃO

6.1 Resumo

Foi realizada uma experiência de campo na Plateau State College of Agriculture Garkawa (Latitude 100 11' N e Longitude 80 21' E) na zona ecológica da savana da Guiné do sul da Nigéria nas estações húmidas de 2008 e 2009. O objetivo era investigar a resposta do feijão-frade hortícola *(Vigna unguiculata\L.]Walp* variedade "Yaro da kokari" ao espaçamento entre fileiras e à taxa de desfoliação.

Os tratamentos consistiram em quatro espaçamentos intra-linha (20, 30, 40 e 50cm) e quatro taxas de desfoliação (0, 25, 50, 75%). Estes tratamentos foram combinados de forma fatorial e dispostos num esquema de blocos completos aleatórios com três repetições.

Os caracteres relacionados com o crescimento do feijão-frade, a altura da planta, o peso fresco do rebento por planta e o peso seco do rebento por planta aumentaram significativamente com a diminuição dos níveis de espaçamento entre fileiras. Da mesma forma, a produção de vagens verdes por unidade de superfície aumentou significativamente com a diminuição dos níveis de espaçamento entre fileiras.

Foram observadas diferenças significativas no número de folhas por planta, diâmetro do caule, área foliar por planta e taxa de crescimento da cultura. Estes parâmetros aumentaram com o aumento do espaçamento entre fileiras. O espaçamento entre fileiras não teve efeito significativo na taxa de assimilação líquida, no número de dias para a primeira floração e na percentagem de proteína bruta a 50% na floração.

A diminuição da taxa de desfoliação aumentou significativamente a altura da planta, o número de folhas por planta, o peso seco do rebento por planta, a área foliar por planta, os dias até 50% da floração e a taxa de crescimento da cultura. Do mesmo modo, registou-se um aumento significativo do número de dias até à primeira floração, do comprimento das vagens por planta, do número de vagens por planta e do rendimento de vagens verdes com a diminuição da taxa de desfoliação.

Níveis crescentes de desfoliação aumentaram significativamente o diâmetro do caule. As taxas de desfoliação não tiveram efeito significativo na produção de folhas comestíveis e na taxa de assimilação líquida. A interação entre o espaçamento entre fileiras a 20cm e a taxa de desfoliação a 25% deu o maior rendimento de vagens verdes por unidade de área de terra de feijão-caupi vegetal em 2008 (3955,6kg/ha) e 2009 (4047,5kg/ha).

O coeficiente de correlação entre a produção de vagens verdes, os componentes da produção de vagens (número de vagens por planta e comprimento da vagem) e os caracteres relacionados com o crescimento (altura da planta, número de folhas, número de pedúnculos, área foliar e peso seco do rebento por planta) foram positivos e significativos.

6.2 Conclusão

Conclui-se, por conseguinte, que uma combinação de 20 cm de espaçamento entre fileiras e desfoliação a 25% às 4 e 6 WAS é adequada para obter rendimentos óptimos de legumes e sementes na variedade de feijão-caupi para legumes "Yaro da kokari" em Garkawa, Estado de Plateau da Nigéria.

6.3 Recomendação

Com base nestas constatações, recomenda-se que o feijão-frade seja semeado com um espaçamento de 20 cm entre linhas e que, durante o período de crescimento, 25% do número total de folhas seja colhido às 4 e 6 semanas, em condições de humidade adequadas, em Garkawa, para garantir um rendimento elevado de folhas e sementes.

REFERÊNCIAS

Adenawoola, A. A. e Ayodele, V.I. (1997). *Resposta do tomate IB (Lycopersicon exculentum mill) à poda e à desponta.* Procedimentos da 15ath Conferência Anual da Sociedade de Horticultura da Nigéria, 8 - 11 de abril de 1997, Ibadan. Pp. 98-100.

Alghali, A. M. (1991). Estudos sobre as práticas agrícolas do feijão-frade na Nigéria, com ênfase no controlo de insectos e pragas. *Tropical pest management.* 37:71-74.

Anónimo (1997). *Efeitos do espaçamento entre linhas em duas culturas de cultivares de feijão-frade (vigna unguiculata).* Editora da Universidade de Queensland. Pp. 30-31.

AOAC (1980). **Métodos Oficiais de Análise.** Associação dos Químicos Oficiais de Análise. 13ª edição. Washington: D.C.

Auwalu, B.M.; Oseni, T.O.; Okonkwo, C.A.C.; Tenebe, V.A.; e Pal, V.R. (1995). Influência de algumas práticas agronómicas no crescimento e rendimento do sésamo vegetal (*sesame radiatum,* Schum.) Advances in Horticultural Science. 9:33-36.

Badi, S.H. e Magaji, H.K. (2005). Efeito de alguns produtos vegetais no controlo de brácteas de feijão-frade (*Callosobruchus maculatus). Jornal de Ciências Ambientais.* 9(1) : 40-43.

Bailey, J.M.; (1992). **The Leaves We Eat (As Folhas que Comemos).** Comissão do Pacífico Sul Noumea, Nova Caledónia, 601 P.

Beier, R.C. (1990). Pesticidas naturais e componentes bioactivos nos alimentos. *Revisões de Ambientes Contaminação e toxicologia* 113: 47 - 137.

Berett, R.P. (1990). Espécies de leguminosas como vegetais de folha. In: Shehu, Y.U. (1998). Performance of Vegetables cowpea varieties in Bauchi. Tese de Mestrado não publicada, Universidade Abubakar Tafawa Balewa, Bauchi. Pp. 10-15.

Bittenbender, H.C.; Berett, R.P. e Lavuso, B.M. (1984). **Beans and cowpeas as leaf vegetables and Grain Legumes.** Monograph series, No. 1, Michigan State University, East Lansing, USA. 120P.

Black, C.A. (1965). *Métodos de análise do solo II. Propriedades químicas e microbiológicas.* Madison Wisconsin. Sociedade Americana de Agronomia.

1572P.

Bressani, R. (1985). *Nutritive Value of Cowpea.* Em Singh, S.R. e Rachie. K.O. (1985). *Cowpea Research Production and Utilization.* John Willey and Sons New York. Pp 356.

Bubbenheim, D.L.; Ohler, T.A e Mitchel, C.A (1988). *Estratégias de colheita de feijão-frade e eficiência de rendimento para a produção de alimentos no espaço.* Hortscience 23: 106-108.

Carnovale, E. Marletta, L. Marconi, E. e Brosio, E. (1990). *Propriedades nutricionais e de hidratação do feijão-frade.* Instituto Internacional de Agricultura Tropical (IITA), Ibadan, Nigéria. 118O.

Dukes, J.A. (1980). *Feijão-frade (Vigna unguiculata* (L.) Walps. In: Shehu, Y.U. (1998). *Performance of Vegetable Cowpea Varieties in Bauchi.* Tese de Mestrado não publicada. Universidade Abubakar Tafawa Balewa, Bauchi. Pp. 10-15

Duncan, D.B. (1955). Multiple range and multiple F-Test. **Biometria**. 42P.

Dupriez, H. e De-leener, P. (1989). *Cultivo de legumes e frutas.* Jardins e pomares africanos. p.100.

Edmond, J.B.; Senn, T.L,; Andrew, F.S. e Halfacre, R.G. (1975). *Fundamentals of Horticulture* (4ª edição). Mcgraw-Hill Book Company. Pp 304 - 327.

Engels, C.H. e Maschuer, H. (1986). *Efeito do intervalo de colheita das folhas na produção de tubérculos da batata Solanium tuberosum.* Journal of Botany 37: 1804-1806.

Evans, R.C. e Kang, B.T. (1978). *The Quantitative Analysis of Plant Growth (Análise quantitativa do crescimento das plantas). Black well Scientific Publication.* Pp 135-137.

Evans, R.C. e Kang, B.T. (1978). *The Quantitative Analysis of Plant Growth (A análise quantitativa do crescimento das plantas).* Blackwell Scientific Publication. 137P.

FAO (1968). Organização das Nações Unidas para a Alimentação e a Agricultura.

FMA (2005). Ministério Federal da Aviação, Unidade Meteorológica, Heipang, Jos Nigéria.

FMA (2006). Ministério Federal da Aviação, Unidade Meteorológica, Heipang, Jos Nigéria.

Gardner, H.(1966). *Vegetable Cowpea*. University Press, Jos,Nigéria.145p

Gibbon, D. e Pain, A. (1985). *Crops of the Drier Regions of the Tropics (Culturas das regiões mais secas dos trópicos)*. Longman Group Essex, Inglaterra Pp. 111-112.

Guanamurthy, P.; Xavier, H.; Balasubramaniyan, P. (1992). *Espaçamento e necessidades de azoto do sésamo (sesamum indicum L.)*. Indian Journal of Agronomy. 37 (4) : 858 - 859.

Grubben, G.J.H. (1977). *Tropical vegetables and their genetic resources*. Secretariado do IBPGR, FAO, Roma.

Gwom, D.J. (1997). *Desafios do Planeamento e Desenvolvimento Físico na Nigéria*. In: Jauro. A.G. e Singh, B.R. (2005). *Qualidade da irrigação nas Terras de Fadama das Zonas Norte e Central do Estado de Plateau*. Journal of Environmental Science 9(1): 45-49.

Hacket, C. e Carolene, J.C. (1982). *Culturas hortícolas comestíveis II. Compêndio e dados atribuídos*. Academy Press, Sydney, Austrália. 498P.

Hacket, C. e Carolene, J.C. (1985*). Breeding for resistance to Drought and Heat Utilization (Reprodução para resistência à seca e utilização do calor)*. John Wiley and Sons Nova Iorque, EUA. Pp 137-151.

Huesca, P. e Oria, D.V. (1981). Rendimento do feijão-frade afetado por taxas de fertilização e densidade populacional. *Monitor SMARC* 2(4): 13 HTA (1983). Destaques da investigação para 1982. Instituto Internacional de Agricultura Tropical, Ibadan, Nigéria. 123P.

IITA, (1983). Destaques da investigação para 1982. Instituto Internacional de Agricultura Tropical. Ibadan, Nigéria. Pp. 123.

Imungi,J.K and Potter,N.N.(1983).Nutritional Contents of Raw materials and Cooked leaves. *Journal of food science* 48: 1252-1254.

Itai, C. e Birnbaum, H. (1991) synthesis of plant Growth Regulators by Roots. Marcel Dekker, Nova Iorque Pp. 163-178.

Jackai, L.E.N. (1997). Handbook of legumes HTA, Ibadan, Nigéria e IRCAS Tsukuba. Ibaraki, Japão. Pp. 315-319.

Kayode, G.O. e Odulaja, A. (1985). Resposta do feijão-frade *(Vigna unguiculata* 11.1 Walp.) ao espaçamento nas zonas de savana e floresta tropical da Nigéria. *Agricultura Experimental* **21(3):** 291-296.

Lawn,A. (1983). African Vegetables. University Press, Jos, Nigéria.

Lawlor, D.W. (1987). **Photosynthesis Metabolism, control and physiology (Fotossíntese: metabolismo, controlo e fisiologia)**. Longman 246P .

Logendra,M.; Gwim,I.S. e Hons,H (I990). Efeito dos espaçamentos no crescimento do *feijão-caupi.Hortscience,21:12*

Lenz, C.F.; Zampini, A.B.; Glamm, J. e Swan, C.A. (1980). Efeito do espaçamento entre fileiras no rendimento do feijão-caupi para hortaliças *(vigna unguiculata (L.) walps). Fisiologia vegetal* 65: 16.

Leung, W.T.W. (1968). Food composition Table for Use in East Asia (Tabela de composição dos alimentos para utilização na Ásia Oriental). Departamento de Saúde, Educação e Bem-Estar dos EUA. Washington D.C. EUA. 334P.

Mackenzie, D.R.; Iiou T.D.; Wu, H.B.F. e Oyer, E.B (1975). Resposta do feijão-frade *(vigna unguiculata* (L.) Walps.) ao aumento da densidade de plantas. *Journal of American Society of Horticultural Science* **100** (5): 579-583.

Mahmud, M; Falaki, A.M,; Abubakar, I.U. e Miko, S. (1996). Efeito de diferentes níveis de fertilizante de fósforo e densidade de plantas no rendimento e componentes de rendimento do feijão-frade (*vigna unguiculata* (L.) Walps.) *journal of Agricultural technology* **4**(1): 27-32.

Mathews-Roth,M.M. (1989). Beta Caroleno, Canthanantina e Fitoeno. In: Moon, T.E e Micozzi, M.S. (Eds.). Nutrition and Cancer Prevention: investigating the role of Micronutrients. Marcel Dekker Inc., Nova Iorque.

Micah, L.M. (2004). Effect of Variety and Phosphorus on the Growth anf yield of cowpea (vigna unguiculata (L.) Walps.) in Bauchi. Tese de mestrado não publicada, Universidade Abubakar Tafawa Balewa, Bauchi Pp. 10-15.

Unidade Meteorológica, (2008). Colégio de Agricultura, Garkawa, Jos Nigéria. MeteorologicalUnit,(2009). Collegeof Agricultura, Garkawa, Jos, Nigéria.

Nelson, S.S.; Ohler, T.A. e Mitchel, C.A (1996). Cowpea leaves for human Consumption In: advances in Cowpea Research by Singh, B.B.; Mohanesaj, D.R.; Dashiel, K.E. and Jackai, L.E.N. HTA, Ibadan, Nigéria, and IRCAS Tsukuba, Ibaraki, Japão. 375P.

Ohler, T.A. e Mitchell, C.A. (1995). Identificação de ambientes de otimização do rendimento de duas linhas de reprodução de feijão-frade através da manipulação do fotoperíodo e do cenário de colheita. *Journal of American Society of Horticultural Science.* **121**(3) 576-781.

Ohler, T.A.; Nelson, S.S. e Mitchell, C.A. (1996). Variação da densidade da planta e da época de colheita para otimizar a produção de folhas de feijão-frade e o teor de nutrientes. Hortscience 31(2): 193-197

Onwueme. I.C.(1979). **Ciência das culturas**. Tropical Agricultural Science. Macmillan publishes London. 456p.

Oseiyeboah,S.; Lindsay,J.I.; e Gumbs,F.A.(1983). Estimating leaf area of cowpea (vigna unguiculata [L.] walp.) Linear measurement of Terminal leaflets. *Tropical Agriculture* **60** (2):149-150.

Padulosi, S.G.; Laghetti, N.Q. e Perrino, P (1990). Collections in Swaziland and Zimbabwe (Colecções na Suazilândia e Zimbabué). FAO/IBPGR. Plant Genetic Resources Newsetter **38,:** 78 - 79.

Quin, F.M.(1997) effect of plant spacing on growth of cowpea (vigana *ungucuilata* [L] Walp.) in singh, B.B Mohanraj D.R; Dashiell K.E and Jakai, L.F.N (Eds) Advance cowpea research Co-publication of international Institute for Tropical Agriculture, (IITA) and Japan international research Center for Agricultural Sciences (JIRCAS) IITA, Ibadan, Nigeria 375P

Schippers, R.R. (2000). **Vegetais Indígenas**. An overview of the of Cultivated species. Chatham, Reino Unido: Instituto Nacional de Recursos /ACP-EU. Centro Técnico para Agricultura e Cooperativas Rurais Pp,101 - 104.

Selman, J.D.(1994) Vitamin Retention during Blanching of vegetable *food chemistry* **49** 137 - 147.

Sharma, S.K. and Mehta, H. (1991) manifestation of genetic diversity for physiological traits in soya bean under cropping systems. *Agricultura Tropical* **68** (3): 203 - 208.

Shehu, Y.U. (1998) Performance of vegetable cowpea varieties in Bauchi. Tese de mestrado não publicada, Universidade Abubakar Tafawa Balewa, Buachi. Pp. 10-15.

Singh, S.R. e Rashie, K.O.(1985). Cowpea research, production and utilization. John Wiley and sons New York. Pp.200 - 203.

Snedecor, G.W. e Cocharn, G.W. (1967). **Statistical methods** 6th Edition IOWA state university press IOWA, USA. 458P.

Splitts, W.E. (1981). Vegetable growing handbook 2nd Edition. Avi Publishing. Nova Iorque. Pp 59-60.

Steele, W.M e Mehra, K.L. (1980). Evolução da estrutura e adoção do sistema de cultivo e do ambiente em Vigna Spp. In: Summerfield, R.J. e Bunting, A.ll. (1985*). Advances in legumes science. New Royal Botanic Garden. Nova Inglaterra. Pp. 393 - 403P.*

Summerfield, M. e Bunting, A. (1985). **Tropical legumes**. Agriculture handbook No. 16.US Department of Agriculture, Washington D.C USA. 44P.

Tindall, H.D.(1977**). Vegetable in the tropics**. Macmillan press Ltd. 33P.

Uguru, M.I. (1996). Estimativas de variabilidade e ganhos genéticos em feijão-frade *(vigna unguiculata* [L.] Walp.). *Ghana Journal of Agricultural science* **29**: 47 - 51.

Uguru, M.I. (1997). Efeito da colheita de folhas no rendimento das vagens e na fibra do feijão-frade hortícola. Procedimentos da 15^{ath} conferência anual da sociedade hortícola da Nigéria 8-11th abril, 1997, Ibadan. Pp 112 - 115.

Werreing, P.F.; Khalifa, M.M. e Treharne, K.J. (1968). Rate limiting process in photosynthesis at saturating light intensities Nature 220: 453-457.

Watt, B.K. e Merill, A.L. (1975). **Composição dos alimentos**. Agricultural handbook No. 8. Departamento de Agricultura dos EUA. Washington. D.C. USA. P30.

Westerman, D.T. e Crothers, S.E. (1977). Efeito da população de plantas no componente de rendimento de sementes do feijão. *Ciência das culturas* **17:** P493-496.

APÊNDICES

APÊNDICE I

Valor nutritivo do feijão-frade vegetal por porção comestível de 100g

Parts of Plant	Dried Seed	Leaves
Water ml		85
Calories	338	44
Protein (g)	22.5	47
Fat (g)	1.4	0.3
Carbohydrate (g)	61	8
Fibre (g)	5.4	2.0
Calcium (g)	104	256
Phosphorus (mg)	416	63
Iron	-	5.7
B. Carotene Equivalent (mgg)	70	7970
Thiamine (mg)	0.08	0.20
Riboflavin (mg)	0.9	0.37
Niacine (mg)	4.0	2.1
Ascorbic acid (mg)	2	56

Fonte: FAO 1968

APÊNDICE II

Composição nutricional das folhas e sementes maduras de feijão-frade (100g de porção comestível)

Part	Leaf			Seed	
	Raw	Dried	Cooked	Raw	Cooked
H_2O (ml)	85.0	10.6	8.9	10.5	80.0
Energy (cal)	277	na	34.3	34.3	138
Protein (g)	4.7	22.6	3.2	22.8	51
Fat (g)	0.3	3.2	0.3	1.5	0.3
CHO (g)	83	54.6	na	61.7	13.8
Ca (mg)	256	1556	132	74	17
P (mg)	63	348	132	426	95
Fe (mg)	5.7	12.0	41	5.8	1.3
B-Carotene(mg)	2.4	27.0	4.7	0.02	0.01
Thiamine (mg)	0.20	na	6.5	1.05	0.36
Riboflavin (mg)	0.37	na	na	0.21	0.04
Niacin (mg)	2.1	na	na	2.2	0.4
Ascorbic acid(mg)	56	86	6	na	na

Na - não disponível Fonte: Leung (1968) (folhas cruas e secas); Imungi e Potter (1983); (folhas cozidas) watt e Merrilli (1975); (sementes cruas e cozidas).

APÊNDICE III

Precipitação média mensal, temperatura, humidade relativa e horas de sol com um intervalo de dez dias na estação das chuvas de Garkawa em 2008.

Month/Days		Rainfall (mm)	Temperature (^{0}c)		Relative humidity (%)		Sunshine hours
			max.	min.	am	pm	
May	1-10	97.0	36.5	22.3	75.3	+9.2	8.2
	11-20	555.0	35.5	22.6	76.2	51.3	7.6
	21-30	68.4	35.1	22.5	72.3	56.4	8.3
June	1-10	329.1	34.2	21.7	78.2	59.9	7.4
	11-20	171.0	32.7	23.4	75.4	51.0	7.9
	21-30	620.5	30.5	20.1	80.1	61.4	7.1
July	1-10	425.0	31.8	21.3	86.4	64.2	6.2
	11-20	163.4	32.3	22.4	81.1	60.6	8.0
	21-30	396.1	30.3	21.7	87.4	62.2	5.9
Aug.	1-10	276.8	29.6	22.7	85.3	77.2	4.8
	11-20	722.3	28.0	21.4	91.4	80.4	4.0
	21-30	252.5	29.4	22.3	88.9	80.3	5.3
Sept.	1-10	21.4	31.9	22.7	84.3	77.5	6.5
	11-20		32.5	21.5	70.1	48.8	8.2
	21-30		32.8	21.8	62.1	47.8	7.8
Oct.	1-10		31.5	22.2	60.1	40.1	8.3
	11-20		32.7	20.0	49.2	40.0	8.7
	21-30		33.0	21.0	55.2	39.5	8.5
Total rainfall	420.1						

Fonte: Unidade Meteorológica, (2008). Escola Superior de Agricultura, Garkawa, Jos

APÊNDICE IV

Precipitação média mensal, humidade relativa, temperatura e horas de sol em intervalos de dez dias em Garkawa, na estação das chuvas de 2009

Month/days		Rainfall (mm)	Temperature (^{o}c)		Relative humidity (%)		Sunshine hours
			Max.	Min.	am	pm	
May	1-10	110.0	36.2	25.0	80.1	61.4	8.6
	11-20	330.3	35.0	22.8	83.5	65.0	7.1
	21-30	334.5	35.8	22.5	82.3	63.1	6.1
June	1-10	429.2	33.9	22.8	84.5	66.3	7.3
	11-20	213.0	36.2	23.9	83.3	67.0	8.24
	21-30	310.7	34.9	22.1	86.0	65.9	8.29
July	1-10	225.3	37.5	24.6	86.1	64.4	8.3
	11-20	178.8	38.2	25.7	87.1	75.3	8.53

	21-30	200.1	35.0	28.4	87.4	76.2	6.74
August	1-10	421.9	29.5	24.2	88.3	91.4	5.2
	11-20	449.0	29.3	22.2	90.2	90.8	5.02
	21-30	198.8	30.1	22.4	90.7	92.6	7.2
Sept.	1-10	510.0	38.6	21.8	92.7	93.5	4.81
	11-20	204.3	31.0	21.7	91.2	91.8	85.25
	21-30	196.7	32.5	22.7	90.7	91.4	6.2
Oct.	1-10	563.6	31.1	22.9	88.7	89.5	5.56
	11-20	295.5	30.2	20.5	87.6	81.4	6.86
	21-30	-	34.7	19.2	84.2	75.3	8.20
Total rainfall		517.27					

Fonte: Unidade Meteorológica, (2009). Escola Superior de Agricultura, Garkawa, Jos.

APÊNDICE V

Análise de variância para a altura das plantas às 6 WAS, 2008

Source	DF	SS	MS	F	P
Spacing	3	70.5016	23.5005	1871.08	0.000
Defoliation	3	0.1996	0.0665	5.30	0.000
Rep	2	9.8104	4.9052	390.55	0.005
Spacing defoliation	9	0.2623	0.0291	2.32	0.000
Error	30	0.3768	0.0126		
Total	47	81.1507			

APÊNDICE VI

Análise de variância para a altura das plantas às 6 WAS, 2009

Source	DF	SS	MS	F	P
Rep	2	12.3423	6.1711	2901.23	0.000
Spacing	3	112.3970	37.4657	1.8E+04	0.000
Defoliation	3	0.0593	0.0198	9.30	0.000
Spacing defoliation	9	0.1938	0.0215	10.12	0.998
Error	30	0.0638	0.0021		
Total	47	125.0562			

APÊNDICE VII

Análise de variância para o número de folhas às 6 WAS, 2008

Source	DF	SS	MS	F	P
Rep	2	85.500	42.750	122.14	0.000
Spacing	3	428.062	142.688	407.68	0.000
Defoliation	3	15.562	5.187	14.82	0.000
Spacing defoliation	9	150.187	16.688	47.68	0.000
Error	30	10.500	0.350		
Total	47	689.813			

APÊNDICE VIII

Análise de variância para o número de folhas às 6 WAS, 2009

Source	DF	SS	MS	F	P
Rep	2	82.54	3.3958	40.08	0.000
Spacing	3	165.90	26.9097	317.62	0.000
Defoliation	3	2162.23	0.5764	6.80	0.000
Spacing defoliation	9	994.69	0.4653	5.49	0.000
Error	30	108.13	0.0847		
Total	47	3513.48			

APÊNDICE IX

Análise de variância para o diâmetro do caule às 6 WAS, 2008

Source	DF	SS	MS	F	P
Rep	2	0.09542	0.00521	1.74	0.192
Spacing	3	5.72667	1.60076	536.07	0.000
Defoliation	3	0.03167	0.00243	0.81	0.496
Spacing defoliation	9	0.05833	0.00391	1.31	0.573
Error	30	0.48458	0.00299		
Total	47	6.39667			

APÊNDICE X

Análise de variância para o diâmetro do caule às 6 WAS, 2009

Source	DF	SS	MS	F	P
Rep	2	0.01500	0.00750	1.13	0.335
Spacing	3	4.67167	1.55722	235.55	0.000
Defoliation	3	0.01167	0.00389	0.59	0.000
Spacing defoliation	9	0.01333	0.00148	0.22	0.988
Error	30	0.19833	0.00661		
Total	47	4.91000			

APÊNDICE XI

Análise de variância para o peso fresco dos rebentos às 6 WAS, 2008

Source	DF	SS	MS	F	P
Rep	2	1.625	0.812	2.24	0.128
Spacing	3	5.229	1.743	4.74	0.000
Defoliation	3	480.562	161.180	539.24	0.000
Spacing defoliation	9	11.042	0.262	0.71	0.811
Error	309	500.818	0.368		
Total	47				

APÊNDICE XII

Análise de variância para o peso fresco dos rebentos às 6 WAS, 2009

Source	DF	SS	MS	F	P
Rep	2	1.835	0.910	3.321	0.130
Spacing	3	6.330	1.840	1.02	0.121
Defoliation	3	580.561	161.180	0.52	0.830
Spacing defoliation	9	12.043	0.272	0.71	0.000
Error	30	513.600	0.370		
Total	47				

APÊNDICE XIII

Análise de variância para o número de pedúnculos por planta às 6 WAS, 2008

Source	DF	SS	MS	F	P
Rep	2	2.637	1.363	5.10	0.012
Spacing	3	27.560	9.112	34.10	0.000
Defoliation	3	27.730	9.170	34.31	0.001
Spacing defoliation	9	5.305	0.500	2.12	0.058
Error	30	8.081	0.158		
Total	47	71.650			

APÊNDICE XIV

Análise de variância para o número de pedúnculos por planta às 6 WAS, 2009

Source	DF	SS	MS	F	P
Rep	2	1.155	0.472	0.81	0.41
Spacing	3	22.510	7.015	11.06	0.000
Defoliation	3	21.070	7.015	11.06	0.000
Spacing defoliation	9	3.142	0.240	0.55	0.82
Error	30	19.035	0.523		
Total	47	67.055			

APÊNDICE XV

Análise de variância para a área foliar às 6 WAS, 2008

Source	DF	SS	MS	F	P
Rep	2	7670	3835	0.77	0.000
Defoliation	3	18191	6064	1.21	0.599
Spacing	3	13396	4465	0.89	0.813
Spacing defoliation	9	47342	5260	1.05	0.159
Error	30	150354	5012		
Total	47	236952			

APÊNDICE XVI

Análise de variância para a área foliar em 6 WAS, 2009

Source	DF	SS	MS	F	P
Rep	2	3675.1	1837.5	11.38	0.000
Defoliation	3	5881.1	1960.4	12.14	0.000
Spacing	3	522.4	174.1	1.08	0.373
Spacing * defoliation	9	1290.4	1433.4	0.88	0.847
Error	30	4842.5	161.4		
Total	47	16211.9			

APÊNDICE XVII

Análise de variância para o rendimento foliar comestível em 6 WAS, 2008

Source	DF	SS	MS	F	P
Rep	2	1849.8	616.6	5.33	0.005
Spacing	3	1491.9	497.3	4.30	0.887
Defoliation	3	901.7	450.8	3.90	0.031
Spacing *defoliation	9	1245.0	138.4	1.20	0.570
Error	30	3468.7	115.6		
Total	47	8957.9			

Análise de variância para o rendimento foliar comestível em 6 WAS, 2009

Source	DF	SS	MS	F	P
Rep	2	1950.1	617.7	6.34	0.006
Spacing	3	1581.9	599.4	4.43	0.413
Defoliation	3	902.6	455.8	4.39	0.431
Spacing * Defoliation	9	1345.1	139.5	2.19	0.592
Error	30	3559.6	116.7		
Total	47	8995.9			

APÊNDICE XIX

Análise de variância para o número de dias até 50% de floração 2008

Source	DF	SS	MS	F	P
Rep	2	17.417	5.806	3.03	0.045
Spacing	3	4.083	1.361	0.72	0.555
Defoliation	3	10.293	5.146	2.70	0.000
Spacing * defoliation	9	10.418	1.157	0.61	0.785
Error	30	57.709	1.930		
Total	47	99.918			

APÊNDICE XX

Análise de variância para o número de dias até 50% de floração, 2009

Source	DF	SS	MS	F	P
Rep	2	5.7500	1.9167	2.50	0.078
Spacing	3	125.0833	41.6944	54.48	0.896
Defoliation	3	5.0417	2.5209	3.30	0.000
Spacing * Defoliation	9	0.083	0.7870	1.04	0.441
Error	30	58.613	1.9420		
Total	47	99.929			

APÊNDICE XXI

Análise de variância para o número de vagens às 6 WAS, 2008

Source	DF	SS	MS	F	P
Rep	2	6.7917	3.3958	40.08	0.000
Spacing	3	80.7292	26.9097	317.62	0.885
Defoliation	3	1.7292	0.5764	6.80	0.000
Spacing * Defoliation	9	4.1875	0.4653	5.49	0.000
Error	30	2.5417	0.0847		
Total	47	95.9792			

APÊNDICE XXII

Análise de variância para o número de vagens às 6 WAS, 2009

Source	DF	SS	MS	F	P
Rep	2	19.042	9.521	40.08	0.000
Spacing	3	157.167	52.389	317.62	0.000
Defoliation	3	27.167	9.056	6.80	0.000
Spacing *Defoliation	9	61.667	6.852	5.49	0.000
Error	30	77.627	2.588		
Total	47	342.667			

APÊNDICE XXIII

Análise de variância para o rendimento de vagens verdes em 6 WAS, 2008

Source	DF	SS	MS	F	P
Rep	2	5859	2930	23.66	0.000
Spacing	3	93261	31087	23.66	0.000
Defoliation	3	6165	2055	1.56	0.511
Spacing Defoliation	9	11041	1227	0.93	0.490
Error	30	93411	1314		
Total	47	155737			

APÊNDICE XXIV

Análise de variância para o rendimento de vagens verdes em 6 WAS, 2009

Source	DF	SS	MS	F	P
Rep	2	6748	3831	2.43	0.000
Spacing	3	84171	41081	24.71	0.877
Defoliation	3	7055	2161	1.66	0.000
Spacing Defoliation*	9	12131	2330	0.99	0.000
Error	30	48312	1415		
Total	47	164632			

yes

I want morebooks!

Buy your books fast and straightforward online - at one of world's fastest growing online book stores! Environmentally sound due to Print-on-Demand technologies.

Buy your books online at
www.morebooks.shop

Compre os seus livros mais rápido e diretamente na internet, em uma das livrarias on-line com o maior crescimento no mundo! Produção que protege o meio ambiente através das tecnologias de impressão sob demanda.

Compre os seus livros on-line em
www.morebooks.shop

Printed by Books on Demand GmbH, Norderstedt / Germany